Ejercicios de Física 3:

Mecánica de Fluidos

© 2021 Gregorio Chenlo (@arquiteutis)

Gregorio Chenlo Romero (gregochenlo.blogspot.com)

Notas (v1):

Ejercicios de Física: 3 Mecánica de Fluidos

ÍNDICE DE MATERIAS

Ejercicios de Física: 3 Mecánica de Fluidos **Pag:**

Dedicatoria   **6**

Introduccion   **7**

Copyright   **11**

Mecánica de Fluidos   13

1: carga y elasticidad   14
2: elasticidad del acero y del cobre   14
3: fatiga del cobre y del acero   15
4: compresibilidad   16
5: péndulos y sobrecargas   17
6: dilatación   18
7: hilo elástico   18
8: elasticidad y alargamiento   19
9: acción de fuerzas y alargamiento   20
10: fuerza extensora   21
11: torsión de una barra de acero   21
12: fatiga de compresión   22
13: Coeficiente de Poisson   22
14: esfuerzo, deformación, Módulo de Young   23
15: deformación por peso   23
16: fuerza de extensión   24
17: módulo de compresibilidad   24
18: esfuerzo, deformación, módulo de rigidez   25
19: péndulo y deformación   25

20: peso y oscilaciones   26
21: alargamiento por peso   26
22: módulo de elasticidad   27
23: alargamiento de cables   27
24: variación unitaria de volumen   28
25: ángulo de cizalla   28
26: presión manométrica   29
27: densidad de líquidos   30
28: presión manométrica y densidad relativa   31
29: volumen de flotación   32
30: caída libre y empuje   32
31: carga máxima   33
32: presión resultante   34
33: energía en desplazamiento de líquidos   35
34: altura del líquido en un tubo   36
35: diferencias de presión en líquidos   38
36: velocidad de vaciado   39
37: alcance de chorros de agua   41
38: dinámica en un depósito cilíndrico   42
39: Teoremas de Bernoulli y Continuidad   43
40: Principio de Arquímedes   45
41: peso en el aire y en el agua   46
42: líquidos de varias densidades   46
43: hundimiento en un líquido   48
44: cálculo de densidades   49
45: velocidad de salida de un líquido   49
46: presión en tuberías   51
47: presiones y secciones   52
48: Contador Venturi   53
49: velocidad límite en un líquido   54
50: energía cinética, velocidad en líquidos   55
51: densidad de una esfera de vidrio   56
52: carga de un depósito en movimiento   57
53: caudal en una tubería   58
54: presión absoluta y caudal   60
55: presiones en una tubería compleja   62
56: altura de un líquido en un capilar   63
57: superficie de un bloque de hielo   64
58: esfera hueca o maciza   64
59: flotación y densidades   65
60: iceberg fuera del agua   66
61: la corona de oro falsa   66
62: cubo entre dos líquidos   67
63: presiones en el fondo   68
64: velocidad del líquido en un grifo   68

65: tiempo de vaciado 69
66: presiones en un sifón 70
67: densidad absoluta y relativa 72
68: densidad y peso específico 72
69: densidad de la leche desnatada 73
70: presión en el fondo con agua o mercurio 73
71: presión en un submarino 74
72: compensar presiones 74
73: presión vs altura 75
74: presión en columnas 75
75: fuerza sobre las caras de un cubo 75
76: prensa hidráulica 76
77: empuje hidrostático 76
78: volumen y densidad relativa 77
79: un cajón sumergido 77
80: la pepita de oro 78
81: sistemas MKS y CGS 78
82: caudal en una tubería 78
83: agua que sale de un tanque 79
84: presión en una caldera 79
85: pesos en una báscula 80
86: fuerzas para sumergir un bloque 81
87: densidad relativa de varios líquidos 81
88: variación del caudal por sobre presión 82
89: altura máxima de un sifón 82
90: presiones en una tubería irregular 83
91: Tubo de Venturi, manómetro diferencial 84
92: cambio presión en una tubería compleja 85
93: salida de agua de un depósito 85

Anexos 87
Constantes 88
Factores de conversión 90
Integrales 92
Relaciones trigonométricas 94
Otros títulos 96
Bibliografía 97
Agradecimientos 98

☻☻☻

Dedicatoria

A D. Lisardo Nuñez

excelente persona
excelente profesor
Almirante de la Continuidad

INTRODUCCIÓN

Cuando estudiaba Física en la Universidad, hace ya algún tiempo, tuve la ocasión de comprobar que muchos alumnos universitarios de las carreras de Ciencias: Física, Química, Biología, Matemáticas, Ingenierías, etc. necesitaban consultar diversos libros con ejemplos de ejercicios resueltos de la materia teórica y práctica impartida en el aula y con la finalidad fundamental de adquirir conocimientos y soltura en la resolución de ejercicios planteados en los exámenes de estas disciplinas. Igualmente, cuando hablaba con mis profesores, éstos me comentaban que se encontraban habitualmente con la necesidad de recopilar múltiples ejercicios de alguna materia concreta para preparar la clase y/o para diseñar un examen.

Este libro, parte de una serie de libros de Física con diversas materias, pretende ayudar a cubrir estas necesidades en el proceso de aprendizaje de los alumnos de primer curso de Universidad, en aquellas carreras en las que la Física es una asignatura fundamental. Para ello se exponen más de 90 ejercicios relacionados con la **Mecánica de Fluidos**, (incluye Elasticidad) con sus correspondientes esquemas, diagramas, soluciones, etc. y también con varios ejercicios adicionales donde se indica únicamente la solución o parte de ella, para que el alumno, profesor o lector pueda ejercitarse por su propia cuenta o plantear su resolución en una clase, examen, etc.

Para facilitar el proceso de aprendizaje, los ejercicios se agrupan por complejidad y aparición habitual a lo largo del curso.

Gregorio Chenlo Romero (gregochenlo.blogspot.com)

En cada ejercicio se plantea el enunciado, los datos, los esquemas y gráficas y la solución con suficiente detalle para que el alumno, con una base teórica correcta, pueda seguir el desarrollo de la solución sin dificultad. Para garantizar el proceso de aprendizaje, se incluyen también ejercicios repetitivos de la misma materia pero enfocados desde diversas ópticas e incluso con diversos métodos.

No se ha querido forzar el volumen del libro, que sea un manual práctico, de rápida consulta y por lo tanto no se ha incluido teoría alguna sobre las materias abordadas, aunque si se añaden las explicaciones necesarias para la comprensión de cada ejercicio.

La materia tratada en este libro se enmarca únicamente dentro de la disciplina de Física Clásica no Relativista y que está incluida en el temario de la asignatura de Física del primer curso universitario de la mayoría de las carreras en las que se incluye la Física como asignatura principal.

Para otras materias, también del grupo de Física Clásica no Relativista, no incluidas en este libro como las siguientes, se puede consultar mi libro: **"400 Ejercicios Resueltos de Física Universitaria"** también disponible en Inglés e Italiano en www.amazon.es en los siguientes enlaces.

papel   ebook

Ejercicios de Física: 3 Mecánica de Fluidos

- Vectores
- Campos
- Mecánica clásica
- Movimiento ondulatorio
- Fuerzas centrales
- Gravitación
- Elasticidad
- Estática y Dinámica de fluidos
- Termometría
- Calorimetría
- Termodinámica
- Campo eléctrico
- Campo magnético
- Corriente continua
- Corriente alterna

Al final del libro se incluye alguna bibliografía y otros datos de interés, que pueden usarse como referencia, consulta general o para la resolución de estos y otros ejercicios.

Más información en:

gregochenlo.blogspot.com

Gregorio Chenlo Romero (gregochenlo.blogspot.com)

Otros títulos del autor en www.amazon.es

"Domótica con Raspberry©, Google© y Python©" (Ed-1)
"Domótica con Raspberry©, Google© y Python©" (Ed-2)
"Home Automation with Raspberry©, Google© & Python©"
"Electrónica divertida con Raspberry©"
"Elettronica divertente con Raspberry©"
"Electrónica y Domótica con Raspberry©"
"400 Ejercicios Resueltos de Física Universitaria"
"400 Solved Exercises of University Physics"
"400 Esercizi Risolti di Fisica Universitaria"
"Ejercicios de Física: 1 Cálculo Vectorial"
"Ejercicios de Física: 2 Mecánica Clásica"
"Ejercicios de Física: 3 Mecánica de Fluidos"
"Ejercicios de Física: 4 Calorimetría y Termodinámica"
"Ejercicios de Física: 5 Campo Eléctrico y Magnético"
"Ejercicios de Física: 6 Corriente Continua y Alterna"
"Algebra y Análisis en Carreras Universitarias"
"50 Poesías sin Título"
"Pescando Tiburones"
"Pescando Squali"

⊖⊙⊖

©COPYRIGHT

El autor de este libro es Gregorio Chenlo Romero, que se reserva todos los derechos que la Ley le otorgue en cada región donde se publique este libro, tanto en la actualidad como en el futuro.

Este libro, en su 1ª edición, se publicó en Marzo de 2021 y le aplican todos los derechos de autor que la Ley Española le otorga ya desde el mismo momento de su publicación.

Reservados todos los derechos. Queda rigurosamente prohibida, sin la autorización escrita del titular de este copyright, bajo las sanciones establecidas en las leyes vigentes, la reproducción total o parcial del texto, tablas, esquemas, dibujos, etc. incluidas en esta obra, por cualquier medio o procedimiento, incluidos la reprografía, el tratamiento informático o la distribución de ejemplares mediante el alquiler o préstamo públicos.

El autor recopiló, como alumno, la información aquí incluida en las clases públicas de la Universidad Pública en la que cursó sus estudios de Física, por lo que se entiende que la información puede ser utilizada para ayudar a otros alumnos en los estudios universitarios de Física o similares.

El autor declina toda responsabilidad que los lectores, otras personas, terceros, empresas, etc. puedan realizar por su cuenta por el uso de la información aquí descrita.

Gregorio Chenlo Romero (gregochenlo.blogspot.com)

A pesar de que todo lo descrito en este libro, ha sido revisado y contrastado con el mayor interés posible, el autor también declina cualquier responsabilidad por las incorrecciones e inexactitudes que pudieran existir en esta obra.

Finalmente indicar que se adjuntan algunas referencias bibliográficas usadas, reafirmando los derechos que les puedan corresponder y declinando cualquier responsabilidad, garantía, etc. consecuencia de la variación, desaparición , etc. de dichas fuentes de información, tanto en su totalidad como en parte de las mimas.

⊖⊖⊖

Mecánica de Fluidos

1: carga y elasticidad

Un alambre acerado está sujeto a un punto por un extremo y cuelga verticalmente. Se pregunta:

a) ¿Qué carga puede soportar sin sobrepasar el límite de elasticidad?.

b) ¿Cuánto se alargará el alambre bajo dicha carga?.

c) ¿Cuál es la carga máxima que puede soportar sin romperse?.

El alambre tiene las siguientes características:

Longitud $=3m$; *sección* $=62,5\,mm^2$; *módulo de Young* $=21*10^3\,kg/mm^2$; *límite de elasticidad* $=42\,kg/mm^2$ y *fatiga de ruptura* $=84\,kg/mm^2$

SOLUCIONES:

a) $F_{max}=$ *Límite de elasticidad*sección* $\Rightarrow$
$F_{max}=42*62,5$ $\Rightarrow$ $\boldsymbol{F_{max}=2.625kg}$

b) $E=\dfrac{F/s}{DL/L}$ donde *E es el módulo de Young, s la sección del hilo, L la longitud y DL la variación de longitud.* $\Rightarrow$ *Así tenemos:*
$DL=FL/Es$ $\Rightarrow$ $DL=(2625*3*10^3)/(21*10^3*62,5)$ $\Rightarrow$
$\boldsymbol{DL=6mm}$

c) $F_{rup}=$ *Fatiga de ruptura*sección* $\Rightarrow F_{rup}=84*62,5$ *y así:*
$\boldsymbol{F_{rup}=5.250kg}$

2: elasticidad del acero y del cobre

Dos de los extremos de sendos alambres de cobre y acero, de **20m** de longitud cada uno, se atan fuertemente y se somete el conjunto a una tensión tal que se consigue un alargamiento total de **1,6cm**, repartido en partes iguales.

Calcular el valor de la relación entre los diámetros de ambos alambres, sabiendo que el módulo de Young del cobre es $12.650 kg/mm^2$ y para el acero es $1,9*10^4 kg/mm^2$

SOLUCIÓN:

$E_{Cu}=\dfrac{F/S_{Cu}}{DL/L}$ y $E_{Ac}=\dfrac{F/S_{Ac}}{DL/L}$ y como F y DL tienen igual valor para ambos alambres, entonces tenemos que:

$\dfrac{E_{Cu}}{E_{Ac}}=\dfrac{S_{Ac}}{S_{Cu}}=\dfrac{\pi D_{Ac}^2/4}{\pi D_{Cu}^2/4}$ $\Rightarrow$ $D_{Ac}/D_{Cu}=\sqrt{E_{Cu}/E_{Ac}}$ $\Rightarrow$ $\dfrac{D_{Ac}}{D_{Cu}}=0,816$

3: fatiga del cobre y del acero

Una barra de cobre de longitud $90 cm$ y sección transversal $3,20 cm^2$ está unida, extremo con extremo, a una barra de acero de longitud L y sección transversal $6,40 cm^2$

La barra compuesta es sometida en sus extremos a tensiones iguales y opuestas de **3.000kg**

Calcular:

a) La longitud de la barra de acero si son iguales los alargamientos de ambas barras.
b) La fatiga de cada barra.
c) La longitud final de la barra.

Sabemos que los módulos de Young para el acero y el cobre son: $2*10^4 kg/mm^2$ y $10^4 kg/mm2$ respectivamente.

SOLUCIONES:

a) $E_{Cu} = \dfrac{F/S_{Cu}}{DL/L}$; $E_{Ac} = \dfrac{F/S_{Ac}}{DL/L}$ entonces: $\dfrac{E_{Cu}}{E_{Ac}} = \dfrac{S_{Ac} L}{S_{Cu} L} \Rightarrow$

$L = \dfrac{S_{Ac} L E_{Ac}}{S_{Cu} E_{Cu}} \Rightarrow L = 360 cm$

b) $Fat_{Cu} = \dfrac{F}{S_{Cu}} = \dfrac{3*10^3}{3,2} \Rightarrow Fat_{Cu} = 937 kg/cm^2$

$Fat_{Ac} = \dfrac{F}{S_{Ac}} = \dfrac{3*10^3}{6,4} \Rightarrow Fat_{Ac} = 468,75\ kg/cm^2$

c) $\dfrac{DL}{L} = \dfrac{F/S}{E}$ y por lo tanto:

$(\dfrac{DL}{L})_{Cu} = (3000/3,2*10^2)/10^4 \Rightarrow$

$(\dfrac{DL}{L})_{Cu} = 9,37*10^{-4}$ y $(\dfrac{DL}{L})_{Ac} = 2,34*10^{-4}$

d) $L_f = L + \underline{L} + 2DL$ con $DL = \dfrac{3000*90}{3,2*10^6} = 8,44*10^{-2} cm \Rightarrow$

$L_f = 450,17\ cm$

4: compresibilidad

Un pistón de paredes indeformables se encuentra lleno de aceite, cuyo módulo de compresibilidad es $5*10^4\ atm$ Al ejercer sobre el émbolo una fuerza, se observa que este desciende **2cm**

¿Cuánto descenderá el émbolo si el pistón se encuentra lleno de agua y se ejerce igual fuerza?.

Nota: el módulo de compresibilidad para el agua es $2*10^4\ atm$

SOLUCIÓN:

Ejercicios de Física: 3 Mecánica de Fluidos

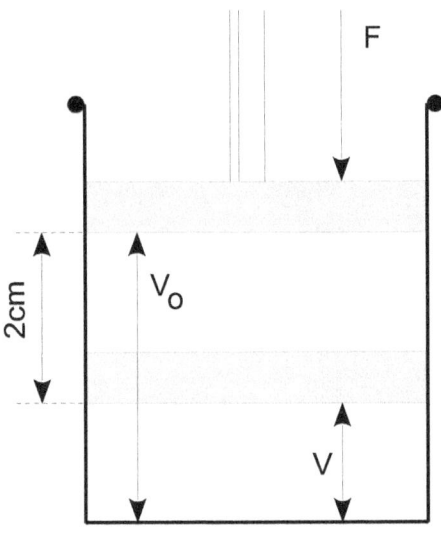

$B = (-F/S)/(DV/V)$ y así:
$B_{ac} = (-F/S)/(SDy_{ac}/V_o) = -FV_o/(S^2 Dy_{ac})$
$B_{ag} = -FV_o/(S^2 Dy_{ag}) \Rightarrow$
$B_{ac}/B_{ag} = Dy_{ag}/Dy_{ac}$ con:
$Dy_{ag} = \dfrac{B_{ac} Dy_{ac}}{B_{ab}} \Rightarrow Dy_{ag} = \dfrac{2*5*10^4}{2*10^4}$

Y entonces: $Dy_{ag} = 5cm$

5: péndulos y sobrecargas

Un hilo sujeto por uno de sus extremos soporta en el otro un peso que lo mantiene tenso.

Sacado de su posición de equilibrio, oscila con cierto período. Al añadirle una pesa de **1kg**, varía su frecuencia.

Calcular la relación de frecuencias antes y después de añadir la sobrecarga, suponiendo que en ambos casos se trata de péndulos matemáticos y sabiendo que el módulo de Young del hilo es de $3,2666 N/mm^2$ y su sección de $1mm^2$

SOLUCIÓN:

$f_o = (1/2\pi)(g/L)^{1/2}$; $f_f = (1/2\pi)(g/(L+DL))^{1/2}$ donde f_o es la frecuencia antes de añadir la sobrecarga y f_f la frecuencia posterior, y así:

$DL/L = F/(SE) = 3$ ⇒ $DL = 3L$ y por lo tanto:

$\dfrac{f_o}{f_f} = \left(\dfrac{L+DL}{L}\right)^{1/2}$ ⇒ $\dfrac{f_o}{f_f} = 2$

6: dilatación

Calcular el incremento de longitud que experimenta una barra suspendida verticalmente bajo su propio peso.

SOLUCIÓN:

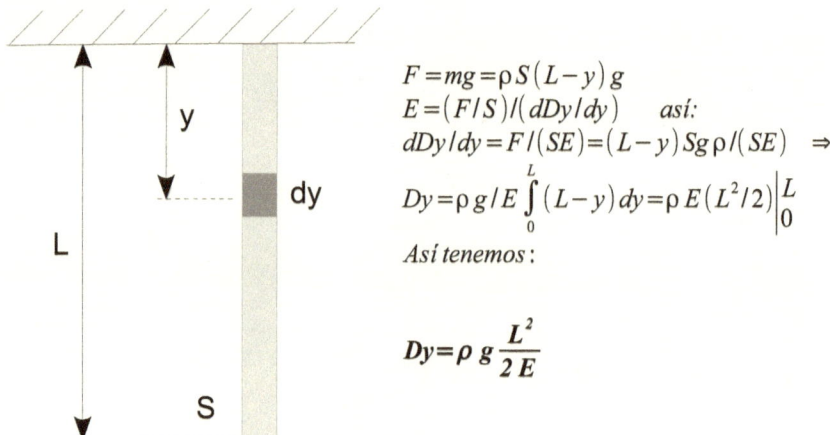

$F = mg = \rho S(L-y)g$
$E = (F/S)/(dDy/dy)$ así:
$dDy/dy = F/(SE) = (L-y)Sg\rho/(SE)$ ⇒
$Dy = \rho g/E \int_0^L (L-y)dy = \rho E(L^2/2)\Big|_0^L$

Así tenemos:

$Dy = \rho g \dfrac{L^2}{2E}$

7: hilo elástico

La línea **AB** de la figura siguiente representa un hilo elástico fijo en **A** al suelo y sujeto en **B** al árbol de una polea, siendo *r=10cm* y *R=20cm* los radios respectivos. Un cuerpo de peso *P=10Nw* tiende a hacer girar la polea.

Calcular el ángulo α girado por la misma si se sabe que la constante elástica del hilo es de: $K = 10^4 \, Nw/m$ para el hilo **AB**

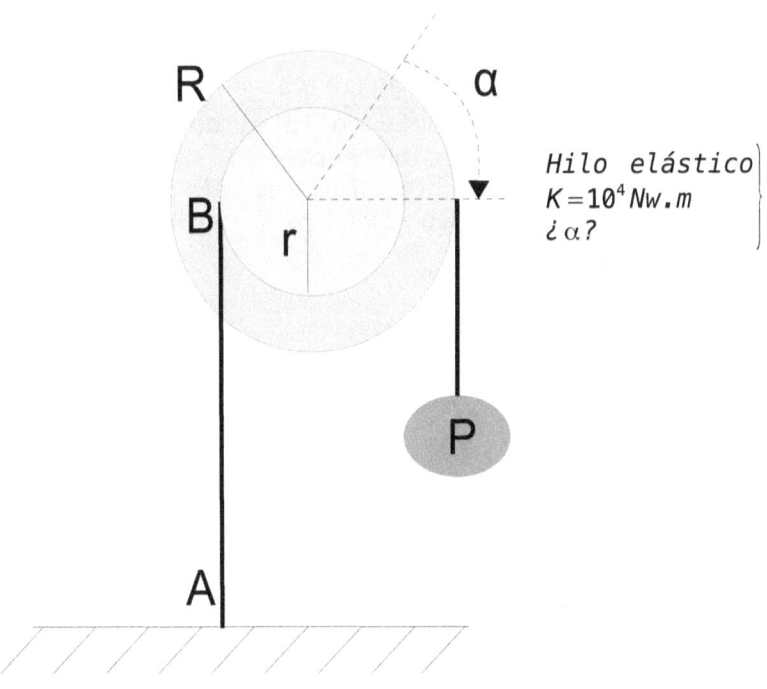

Hilo elástico
$K = 10^4 \, Nw.m$
¿α?

8: elasticidad y alargamiento

El tirante de una armadura resiste una carga de $P = 10.000 kg$ El tirante está hecho con hierro redondeado, cuyo módulo d elasticidad es $E = 20.000 \, kg/mm^2$, teniendo una longitud de **1m**

Calcular el radio de la sección del tirante, sabiendo que el alargamiento es $DL = 1,25 \, mm$ Si el tirante fuese de hierro cuadrado.

¿Cuál sería el lado del cuadrado?.

SOLUCIONES:

$P/A = E(DL/L)$ ⇒ $A = P/(EDL)$ ⇒ $A = 400 \text{mm}^2$ ⇒
y como: $A = \pi r^2$ ⇒ **$r = 11,28\,mm$** Y si el hierro fuese cuadrado:
$A = L^2$ ⇒ **$L = 20mm$**

9: acción de fuerzas y alargamiento

Determinar el alargamiento total de una barra de duraluminio **AB**, cuya sección recta es *$4cm^2$* y estando sometida a la acción de las fuerzas *$M = N = 800kg$* como indica la figura siguiente y sabiendo que $E = 7*10^5\,kg/cm^2$

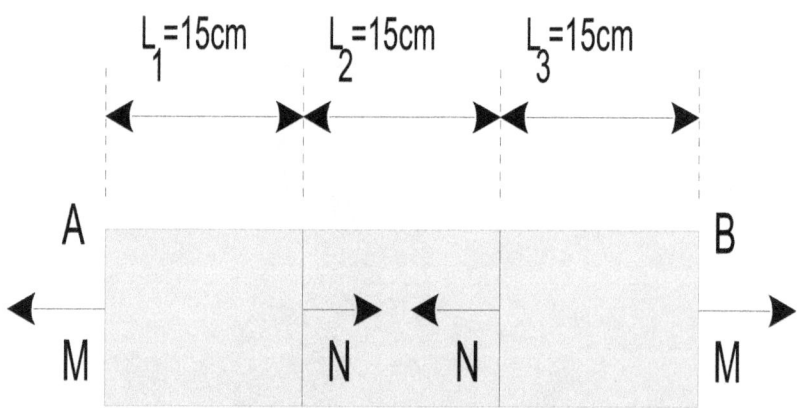

SOLUCIÓN:

$Dl = \dfrac{PL}{AE}$ y como sucede que:

$Dl = \dfrac{2ML_1}{AE} + \dfrac{(M-N)L_2}{AE}$ con el segundo sumando nulo

pues $M = N$ ⇒ $Dl = \dfrac{2ML}{AE}$ ⇒ **$Dl = 0,057\,cm$**

Ejercicios de Física: 3 Mecánica de Fluidos

10: fuerza extensora

Una barra prismática, de **60cm** de longitud, se alarga **0,6mm** bajo la acción de una fuerza extensora.

Calcular el valor de la fuerza dada si el volumen de la barra es de $16 cm^3$ y $E = 2,1 * 10^6 \, kg/cm^2$

SOLUCIÓN:

$$DL = \frac{PL}{AE} \quad con: \ A = \frac{V}{L} = 0,266 \, cm^2 \ \Rightarrow$$
$$0,06 = P60/(0,266 * 2,1 * 10^6) \ \Rightarrow \ P = 532 kg$$

11: torsión de una barra de acero

Una barra de acero, de sección rectangular, se encuentra empotrada en la pared. La longitud de la barra es de **1m** y las dimensiones de la sección transversal son: $a = 20mm$ y $b = 80mm$

Calcular el desplazamiento que experimenta el extremo libre de la barra cuando se coloca en tal extremo una carga de **50kg**, sabiendo que el módulo de Young del acero es de $E = 20.000 \, kg/mm^2$

Ver la siguiente figura:

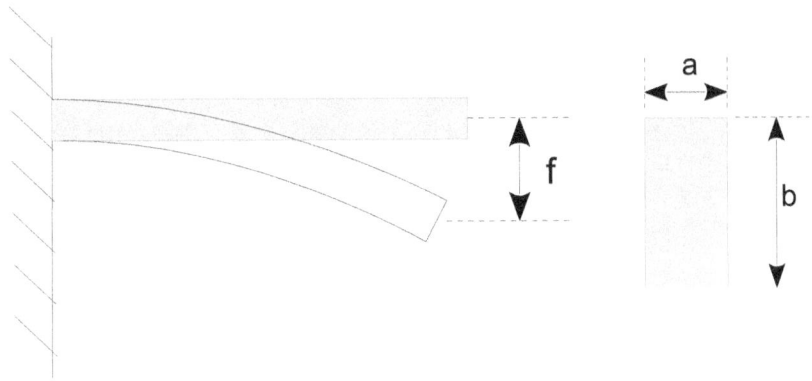

SOLUCIÓN:

$f = \dfrac{FL^3}{3EI}$ con I el momento de inercia de la barra y de valor:

$I = \dfrac{ba^3}{12}$ entonces: $f = \dfrac{4*50*1000^3}{20000*20^3*80}$ ⇒

$f = 15,6\, cm$

12: fatiga de compresión

Un pilar está formado por dos trozos prismáticos de igual longitud que están sometidos en su extremos superiores a una compresión de $3*10^5 kg$

Determinar el volumen del pilar si la altura del mismo es de **36m**, su peso $2.000 kg/m^3$ y la fatiga de compresión máxima admisible es $10 kg/cm^2$

SOLUCIÓN:

$fat = P/A_1$ siendo A_1 la sección del trozo superior del pilar, entonces:
$A_1 = 300.000/10$ ⇒ $A_1 = 3 m^2$ además:
$Peso = 3*36/2*2.000 = 108.000 kg$ y así:

$A_2 = P/fat = (300.000 + 108.000)/10 = 4,08\, m^2$ con:
A_2 la sección del trozo inferior, y por lo tanto:
$V = 3*36/2 + 4,08*36/2$ ⇒ $V = 127,4\, m^3$

13: Coeficiente de Poisson

Un alambre de cobre de radio **0,25mm** sufre un alargamiento de $DL=2mm$ cuando se carga con un peso $P=600gr$ y una torsión de $\Phi = 1 rd$ cuando se aplica un par de $M=600 din.cm$ en el extremo libre.

¿Cuál es el **coeficiente de Poisson** para el cobre?.

SOLUCIÓN:

$\sigma = (E/2G) - 1$ *donde σ es el coeficiente de Poissón, E el módulo de Young y G el módulo de rigidez. Entonces:*

$E = \dfrac{PL}{ADL}$ y $G = \dfrac{2LM}{\pi r^4 \Phi}$ $\Rightarrow$ $\sigma = \dfrac{Pr^2 \Phi}{2MDL} - 1$ *y entonces:*

$\sigma = \dfrac{600 * 980 * 625 * 10^{-6} * 1}{2 * 650 * 2 * 10^{-1}} - 1$ $\Rightarrow$ $\sigma = 0,41$

14: esfuerzo, deformación, Módulo de Young

Una varilla elástica de **3,5m** de longitud y **1,5cm²** de sección, se alarga **0,07cm** al someterla a una fuerza de **300kp**

Calcular el esfuerzo, la deformación unitaria y el Módulo de Young **(E)** del material de dicha varilla.

SOLUCIÓN:

$Esfuerzo = [\dfrac{F}{A}] = \dfrac{300}{1,5}$ $\Rightarrow$ *Esfuerzo = 200 kp/cm²*

Y por otra parte :

$\dfrac{DL}{L} = \dfrac{0,07}{3,5 * 10^2}$ $\Rightarrow$ $\dfrac{DL}{L} = 2 * 10^{-4}$

$E = \dfrac{200}{2 * 10^{-4}}$ $\Rightarrow$ $E = 10^6 \, kp/cm^2$

15: deformación por peso

Una columna de acero maciza de forma cilíndrica de **3 m** de altura y **10cm** de diámetro, se encuentra soportando una carga dada.

Calcular la disminución de altura que experimenta la columna cuando soporta una carga de **80Tm**, sabiendo que el Módulo de Young del acero es de $E = 2,3 * 10^6 \, kp/cm^2$

SOLUCIÓN:

$$S = \pi \frac{d^2}{4} = \pi \frac{10^2}{4} \Rightarrow S = 78,5\, cm^2 \quad \text{y por otra parte:}$$

$$DL = \frac{FL}{SE} = \frac{8*10^3*3*10^2}{78,5*2,3*10^6} \Rightarrow DL = 0,133\, cm$$

16: fuerza de extensión

El diámetro de una varilla de bronce es de **6mm**

Calcular la fuerza en **dinas** que produce una extensión de **0,20%** de su longitud, sabiendo que el módulo de Young del broce es $E = 9,0*10^{11}\, din/cm^2$

SOLUCIÓN:

$$F = \frac{DL}{L} AE = \frac{0,002}{4} 0,6^2 * 0,9 * 10^{11} \Rightarrow F = 5,1*10^9\, din$$

17: módulo de compresibilidad

El módulo de compresibilidad del mercurio es $B = 0,3*10^6\, kp/cm^2$

Calcular la contracción que experimenta un volumen de $1.500 cm^3$ de mercurio al someterlo a una presión de $15 kp/cm^2$

SOLUCIÓN:

$$B = \frac{VDP}{DV} \Rightarrow DV = \frac{V}{B} DP = \frac{1.500*15}{0,3*10^6} \Rightarrow DV = 0,075\, cm^3$$

18: esfuerzo, deformación, módulo de rigidez

Un cubo de aluminio de **10cm** de lado se somete a un esfuerzo constante de **100Tm**

La cara superior del mismo se desplaza **0,03cm** con respecto a la inferior.

Calcular el esfuerzo, la deformación unitaria y el módulo de rigidez **M** correspondientes.

SOLUCIONES:

$$Esfuerzo = \frac{F_t}{A} = \frac{100*10^3}{10} \Rightarrow Esfuerzo = 10^3 \, kp/cm^2$$

$$\Phi = Deformación = \frac{DL}{L} = \frac{0,03}{10} \Rightarrow \Phi = 0,003$$

$$M = \frac{F_t}{A}/\Phi = \frac{10^3}{0,003} \Rightarrow M = 3,33*10^5 \, kp/cm^2$$

19: péndulo y deformación

Una esfera de hierro de **15cm** de diámetro y **13,78kp** de peso, se encuentra suspendida de un punto a **3,10m** sobre el suelo, por un alambre de **2,9m** de longitud.

El diámetro del alambre es **0,1cm**

Se le comunica una oscilación al péndulo así formado, de manera que el centro de la esfera en la posición más baja tiene una velocidad de $v=5 m/s$

¿A qué distancia **d** pasará del suelo?.

Se sabe que el módulo de Young para el alambre es de $1,89*10^6 \, kp/cm^2$

SOLUCIÓN:

$$F = W + m\frac{v^2}{r} = 13{,}78 + \frac{13{,}78}{9{,}8} * \frac{5^2}{2{,}9 + 0{,}075} \Rightarrow F = 16{,}13\, kp \Rightarrow$$

$$DL = \frac{FL}{AE} = \frac{16{,}13 * 290}{1/4} * \pi * 0{,}1^2 * 1{,}89 * 10^6 = 0{,}32\, cm \quad y\, por\, lo\, tanto:$$

$$d = 350 - (290 + 15 + 0{,}32) \Rightarrow d = 4{,}68\, cm$$

20: peso y oscilaciones

Un alambre de acero de **5m** de longitud y $0{,}01\, cm^2$ de sección, con un módulo de Young $E = 2{,}03 * 10^6\, kp/cm^2$ está suspendido en posición vertical.

En su extremo inferior libre se le cuelga un cuerpo de **2kp** de peso que efectúa oscilaciones verticales.

Calcular el período de tales oscilaciones.

SOLUCIÓN:

$$F = -kx \Rightarrow k = \frac{-F}{x} = \frac{AEx/L}{x} = \frac{AE}{L} \quad y\, como:$$

$$T = 2\pi\sqrt{\frac{m}{k}} = 2\pi\sqrt{\frac{mL}{AE}} \Rightarrow T = 0{,}0623\, s$$

21: alargamiento por peso

En el extremo inferior de una varilla de acero de **1m** de longitud y **0,5cm** de diámetro, se cuelga una carga de **50kp** de peso. Calcular el alargamiento de la varilla, sabiendo que el módulo de Young del material es de $3{,}2 * 10^6\, kp/cm^2$

SOLUCIÓN:

$$E = \frac{F/A}{DL/L} \Rightarrow DL = \frac{FL}{EA} = \frac{50 * 100}{3{,}2 * 10^6 * (0{,}5^2/4)\pi} \Rightarrow DL = 8 * 10^{-3}\, cm$$

Ejercicios de Física: 3 Mecánica de Fluidos

22: módulo de elasticidad

Una varilla de hierro de **4m** de longitud y $0,5\,cm^2$ de sección recta, se alarga **1mm** cuando se suspende de ella una masa de **225kg**

Calcular el módulo de elasticidad del hierro expresando el resultado en $din/cm^2\ y\ Nw/m^2$

SOLUCIONES:

$$M_e = \frac{F/A}{DL/L} = \frac{FL}{DLA} = \frac{2.250*4}{10^{-3}*0,5*10^{-3}} \Rightarrow M_e = 1,8*10^{11}\ Nw/m^2 \quad y\ así:$$
$$M_e = 1,8*10^{12}\ din/cm^2$$

23: alargamiento de cables

La suspensión de un ascensor está constituida por tres cables iguales de acero de **1,25cm** de diámetro cada uno.

Cuando el suelo del ascensor está a nivel del primer piso, la longitud de los cables es de **25m** Se introduce en el ascensor un peso de $10^3\,kp$

¿A qué distancia por debajo del nivel del suelo quedará el piso del ascensor?.

Se supone que el descenso se debe exclusivamente al alargamiento de los cables de suspensión, siendo el módulo de Young de los mismos $E = 2,0*10^6\ kp/cm^2$

SOLUCIÓN:

$$E = \frac{F/A}{DL/L} \Rightarrow DL = \frac{FL}{AE} = \frac{10^3*25*10^2}{3*2,0*10^6*\frac{\pi}{4}*1,25^2} \Rightarrow$$

$$DL = 0,34\ cm$$

24: variación unitaria de volumen

El módulo de comprensibilidad del vidrio es $B = 5*10^5 \, atm$

Calcular la variación unitaria de volumen de un bloque de vidrio al someterlo a una presión de $10 kp/cm^2$

SOLUCIÓN:

$$B = \frac{DP}{DV/V} \Rightarrow \frac{DV}{V} = \frac{DP}{B} = \frac{10}{5*10^5} \quad y \, así:$$

$$\frac{DV}{V} = 2*10^{-5}$$

25: ángulo de cizalla

A dos caras opuestas de un bloque cúbico de acero de **25cm** de lado, se aplican sendas fuerzas de extensión opuestas y de **500kp** cada una.

Calcular el ángulo de cizalla y el desplazamiento relativo, sabiendo que el módulo de rigidez es:

$$(M) = 8,4*10^5 \, kp/cm^2$$

SOLUCIÓN:

$$M = \frac{F/A}{\Phi} \Rightarrow \Phi = \frac{F}{AM} = \frac{500}{25^2 * 8,4 * 10^5} \quad y \, entonces:$$

$$\Phi = 9,5*10^{-7} \, rd \quad y \, por \, otra \, parte:$$

$$s = \Phi L = 9,5*10^{-7} * 25 \Rightarrow s = 2,38*10^{-5} \, cm$$

26: presión manométrica

Determinar la presión manométrica en el punto **A** en kg/cm^2 debida a la columna de mercurio, de densidad relativa **13,57** en el manómetro en **U** mostrado en la figura siguiente:

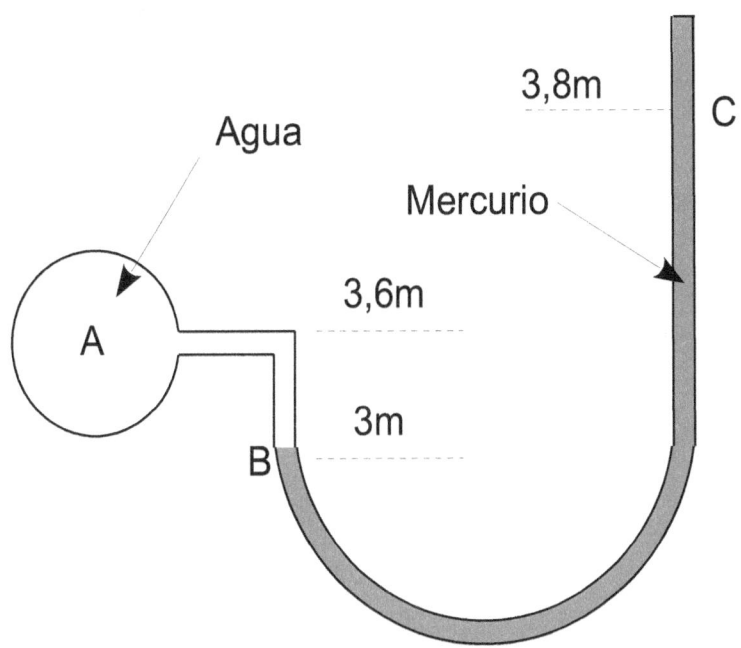

SOLUCIÓN:

$Pm_A = P_A - P_{atm}$ y como además:
$P_B = P_A + d_{agua}\, g\, H_{BC} = P_{atm} + d_{Hg}\, g\, H_{BD}$ pues:

$P_A = -d_{agua}\, g\, H_{BC} + P_{atm} + d_{HG}\, g\, H_{BD}$ y así:
$Pm_A = d_{Hg}\, g\, H_{BD} - d_{agua}\, g\, H_{BC} = 13{,}75*10^3*0{,}8 - 10^3*0{,}6 = 10.256 kg/m^2$

Y así: $Pm_A = 1{,}0256\ kg/cm^2$

27: densidad de líquidos

Un tubo en **U** de **1cm** de diámetro se coloca verticalmente y se llena en parte con mercurio.

En una de las ramas se vierten **30gr** de agua y en la otra **60gr** de alcohol.

¿Qué desnivel presentan las dos superficies del mercurio? ¿Y las superficies libres de los líquidos?

Sabemos que la densidad relativa del mercurio es **13,6** y la del alcohol **0,8**

SOLUCIONES:

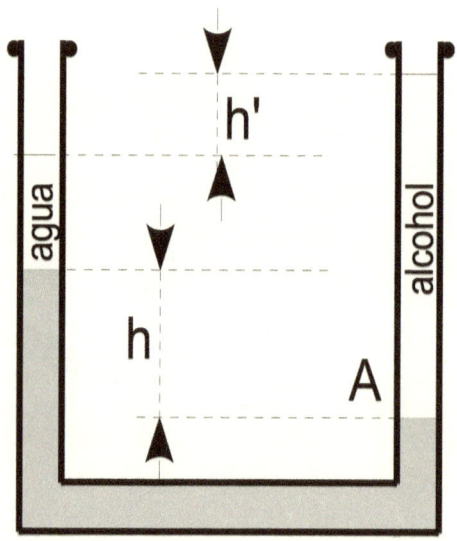

$P_A = P_{atm} + d_{ag} g h_{ag} + d_{Hg} g h = P_{atm} + d_{al} g h_{al}$

Formula que resulta de comparar las presiones en el nivel A por ambas ramas del tubo. Entonces:

$d_{Hg} g h = -d_{ag} g h_{ag} + d_{al} g h_{al}$ y como:

$d_{ag} g h_{ag} = \dfrac{30*10^{-3}}{\pi * 0,5^2 * 10^{-4}} = Peso_{ag} \dfrac{1}{sección}$ así:

Ejercicios de Física: 3 Mecánica de Fluidos

$$d_{al}gh_{al}=Peso_{al}\frac{1}{sección}=\frac{60*10^{-3}}{\pi*0,5^2*10^{-4}} \Rightarrow h=2,8\ cm$$

Por otra parte: $h'=h_{al}-h-h_{ag}$ donde tenemos que:

$$h_{al}=\frac{m_{al}}{d_{al}*sección}=\frac{60}{0,8*1*\pi*0,5^2}=95,49\ cm \quad y \quad h_{ag}=\frac{m_{ag}}{d_{ag}*sección}=$$
$$=\frac{30}{1*1*\pi*0,5^2}=38,20\ cm \quad y\ por\ lo\ tanto,\ tenemos\ que:$$

$h'=54,49\ cm$

28: presión manométrica y densidad relativa

En la figura siguiente el punto **A** está situado a **53cm** por debajo de la superficie libre del líquido, de densidad relativa **1,25** en el recipiente. ¿Cuál es la presión manométrica en el punto **A** si el mercurio asciende **34,3cm** en el tubo?

La densidad relativa del mercurio es **13,57**

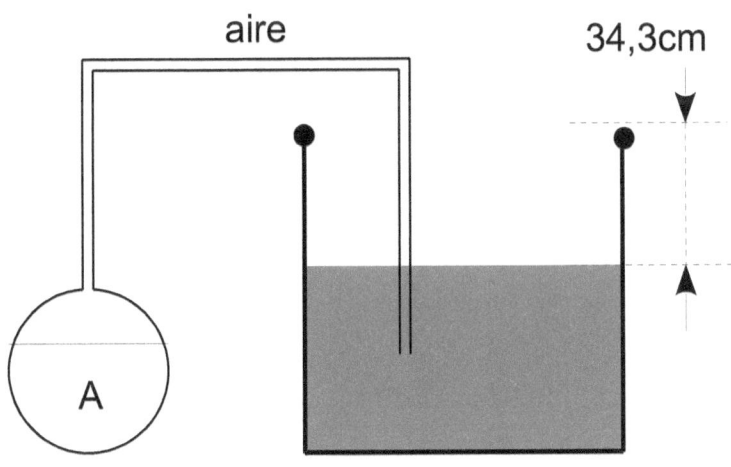

SOLUCIÓN:

$Pm_A = P_A - P_{atm}$ con: $P_A = d_1 gh + P_{atm} - d_{Hg} gh'$ ⇒
$Pm_A = d_1 gh - d_{Hg} gh' = 1{,}25 * 10^3 * 0{,}53 - 13{,}57 * 10^3 * 0{,}343$ ⇒
$Pm_A = -4 kg/cm^2$

29: volumen de flotación

¿Qué fracción del volumen de una pieza sólida de metal, de densidad relativa **7,25** flotará sobre la superficie del mercurio, de densidad relativa **13,57** contenido en un recipiente?.

SOLUCIÓN:

Para que el cuerpo flote: Empuje=Peso, y por lo tanto:
$d_{Hg} g(V-x) = d_c g V$ *donde x es la parte del cuerpo que sobrepasa la superficie y d_c su densidad. Así:* $(d_{Hg} - d_c) V = d_{Hg} x$ ⇒

$x = (d_{Hg} - d_c) \dfrac{V}{d_{Hg}}$ ⇒ **$x = 0{,}466 V$**

30: caída libre y empuje

Se deja caer un cuerpo de densidad **0,6** desde **10m** de altura, en el mar con densidad **1,022** Calcular la profundidad a la que penetra en el agua y el tiempo que tarda en volver a la superficie.

Prescindir de la viscosidad y de la tensión superficial.

SOLUCIÓN:

$\left. \begin{array}{l} v_f^2 - v^2 = 2ae \\ 0{,}5\, mv^2 = mgh \end{array} \right\}$ ⇒ $v = \sqrt{2gh}$ y además:

$Peso - Empuje = F = ma$ ⇒
$(d_s - d_1) g V = d_s V a$ ⇒ $a = \dfrac{(d_s - d_1) g}{d_s}$

y así:

$$0-2gh=2(d_s-d_1)gd_s^{-1}e \Rightarrow e=d_s h(d_1-d_s)=\frac{0,6*10}{1,022-0,6} \Rightarrow$$
$e=14,22\,m$

Partiendo ahora de que: $s=s_o+v_o t+0,5\underline{a}t^2$, donde: $s_o=0$; $v_o=0$; $\underline{a}=-a$

y $s=e \Rightarrow t=\sqrt{2\frac{e}{a}}=\sqrt{\frac{2*14,22}{a}}$ y como: $\underline{a}=-a=6,89\,m/s^2 \Rightarrow$

$t=2,031\,s$

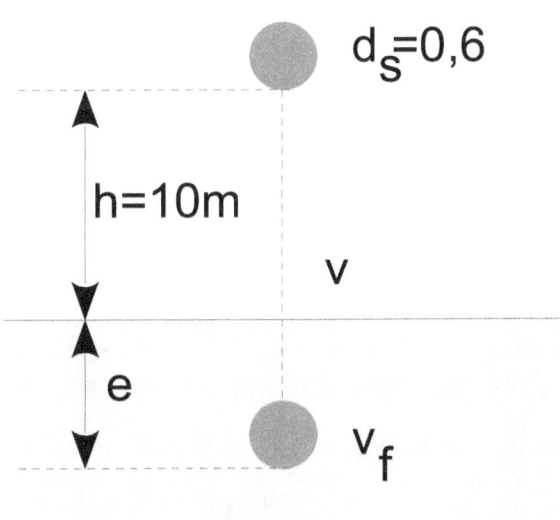

31: carga máxima

Un globo vacío y su equipo pesan **50kg** Al inflarlo con un gas de peso específico *0,553 kg/m³* el globo adopta forma esférica de **6m** de diámetro.

¿Cuál es la máxima carga que puede elevar el globo, suponiendo un peso específico del aire igual a *1,230 kg/m³*

SOLUCIÓN:

$Empuje = P_{globo} + P_{carga} = P' + P$ donde:

$Empuje = d_{aire} \, gV = (p.e.)_{aire} * 4\pi \dfrac{r^3}{3} = 1{,}230 * 4\pi \dfrac{3^3}{3} \, kg$ y por otra parte:

$P' = P_{globo} + P_{gas} = 50 + d_{gas} \, gV = 50 + \dfrac{0{,}553 * 4}{3} * \pi 3^3 \, kg$ así pues:

$P_{carga} = Empuje - P' = 139{,}11 - 112{,}54$ y por lo tanto:

$P_{carga} = 26{,}57 \, kg$

32: presión resultante

Una compuerta de ancho *a=3m* tiene agua a ambos lados pero en uno de ellos su profundidad es de *3m* y en el otro sólo *1,5m*

Calcular la presión resultante sobre la compuerta y la ordenada del punto de aplicación de la misma.

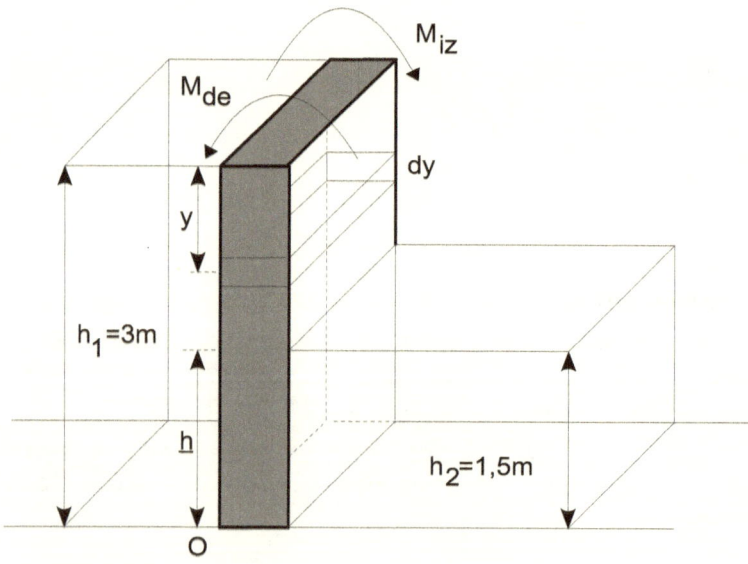

Ejercicios de Física: 3 Mecánica de Fluidos

SOLUCIÓN:

$$dP = \frac{dF}{dS} \quad \text{con:} \quad dF = dgyady \quad \text{con lo que tenemos:}$$

$$\left. \begin{array}{l} F_{izq} = \int_0^3 dgaydy = dga*0,5*y^2 \Big|_0^3 = 13.500\text{kg} \\ F_{der} = \int_0^{1,5} dgaydy = dga*0,5*y^2 \Big|_0^{1,5} = 3.375\text{kg} \end{array} \right\} \quad y \quad F_T = F_{izq} - F_{der} = 99.225\text{Nw}$$

Y como: $\quad P = \dfrac{F}{S} \quad \Rightarrow \quad P = \dfrac{99225}{9} \quad \Rightarrow \quad \boldsymbol{P = 11.025 Nw/m^2}$

$M_{izq} - M_{der} = F\underline{h} \quad$ y como: $\quad dM_o = dF(h_1 - y) = Pds(h_1 - y) = dgyady(h_1 - y)$

con lo que:

$$\left. \begin{array}{l} M_{o_{izq}} = dga \int_0^{h_1} y(h_1 - y)\,dy \\ M_{o_{der}} = dga \int_0^{h_2} y(h_2 - y)\,dy \end{array} \right\} \quad \text{y como:} \quad M_{o_{izq}} - M_{o_{der}} = F\underline{h} \quad \Rightarrow$$

$\underline{h} = 0,7\,m \quad$ a partir de O

33: energía en desplazamiento de líquidos

Dos depósitos de secciones $S_A = 1m^2$ y $S_B = 1,5\,m^2$ que contienen un aceite de densidad **0,9** están en comunicación por su parte inferior.

Mediante una larga tubería de **10cm** de diámetro, por la que puede deslizarse un émbolo sin fricción y que ajusta perfectamente.

¿Que energía se precisa para desplazar el émbolo **50cm**?

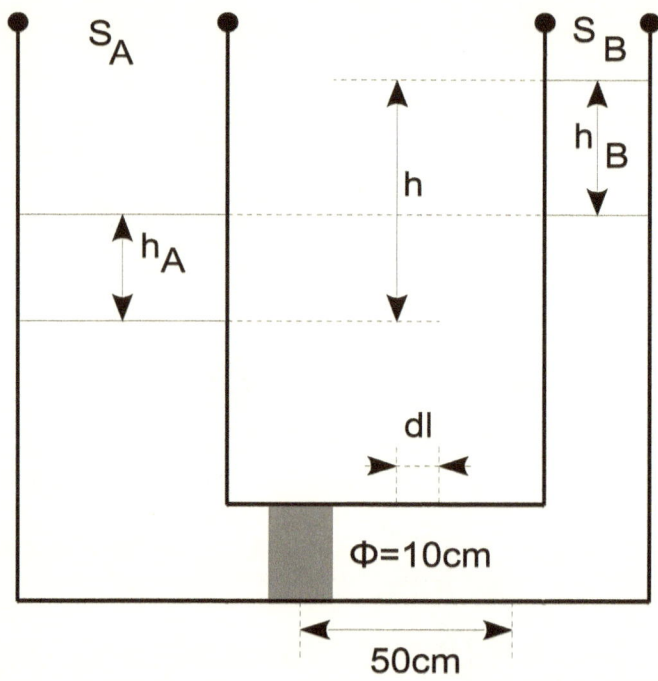

SOLUCIÓN:

$$dW = Fdl = PSdl = d_{ac}\,ghSdl = d_{ac}\,g(h_A + h_B)Sdl \quad \text{donde:}$$

$$S_A h_A = Sl = S_B h_B \;,\; \text{así:} \quad h_A + h_B = Sl\frac{S_A + S_B}{S_A S_B} \;\Rightarrow$$

$$dW = d_{ac}\,gSlS\frac{S_A + S_B}{S_A S_B}dl \;\Rightarrow\; W = d_{ac}\,gS^2\frac{S_A + S_B}{S_A S_B}\int_0^{0,5} l\,dl \;\Rightarrow$$

$$W = 28{,}86\,J$$

34: altura del líquido en un tubo

Un tubo en **U** de longitud **L** contiene líquido ¿Cuál es la diferencia de altura entre las columnas de líquido de las ramas verticales, en los siguientes casos:?

a) Cuando el tubo tiene una aceleración hacia la derecha.

b) Cuando el tubo está montado sobre una plataforma horizontal que gira con velocidad angular ω alrededor de un eje que coincide con una de las ramas verticales.

c) Explicar porqué la diferencia de altura no depende de la densidad del líquido ni de la sección del tubo ¿Sería la misma si los tubos no tienen igual sección? ¿Y si la parte horizontal fuera estrechándose de un extremo a otro?

SOLUCIONES:

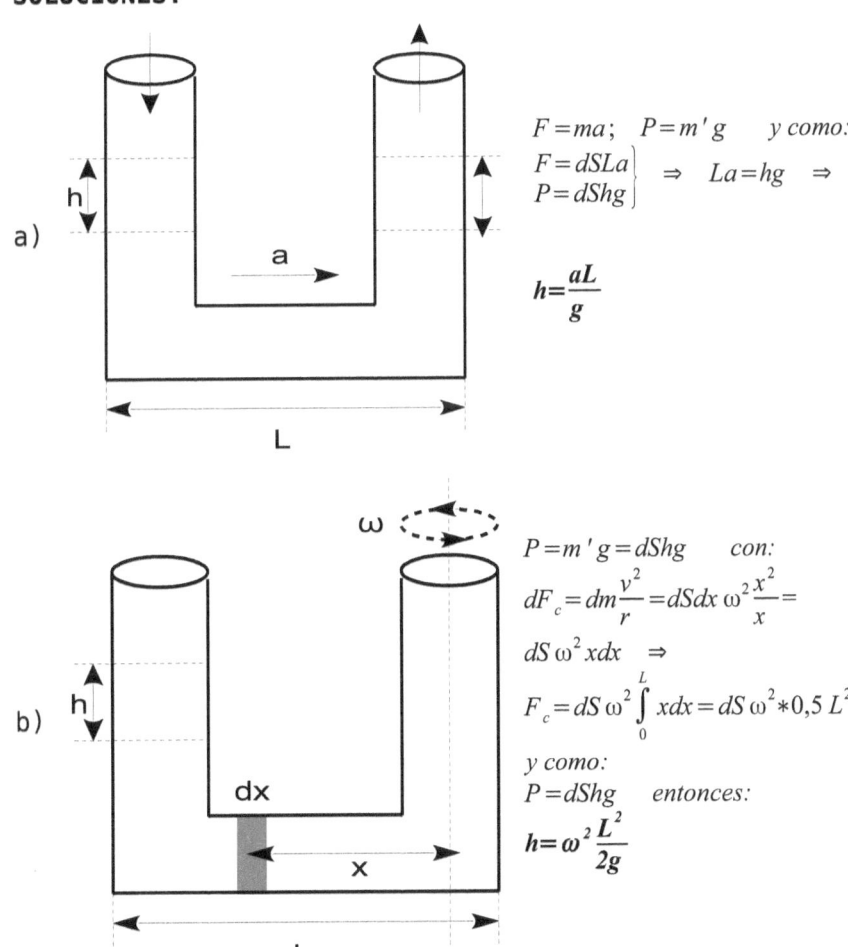

a)
$$F = ma; \quad P = m'g \quad y\ como:$$
$$\left.\begin{array}{r} F = dSLa \\ P = dShg \end{array}\right\} \Rightarrow La = hg \Rightarrow$$
$$h = \frac{aL}{g}$$

b)
$$P = m'g = dShg \quad con:$$
$$dF_c = dm\frac{v^2}{r} = dSdx\,\omega^2\frac{x^2}{x} = dS\,\omega^2 x\,dx \Rightarrow$$
$$F_c = dS\,\omega^2 \int_0^L x\,dx = dS\,\omega^2 * 0{,}5\,L^2$$
$y\ como:$
$P = dShg \quad entonces:$
$$h = \omega^2\frac{L^2}{2g}$$

c) La diferencia de altura no depende de la densidad del líquido ni de la sección del tubo pues las fuerzas que se producen en ambas ramas verticales se compensan con iguales características.

Si las ramas verticales tuvieran secciones diferentes o el tubo horizontal varia su sección, entonces en cada rama se producen fuerzas que no se compensan y por tanto se producen variaciones en la altura del líquido.

35: diferencias de presión en líquidos

Un manómetro con dos fluidos, como el que se muestra en la figura siguiente, puede utilizarse para determinar pequeñas diferencias de presión con una fácil y mejor aproximación que un manómetro de un solo fluido.

Encontrar la diferencia de presión $p_A - p_B$ en kg/cm^2 para que se de una diferencia de **5cm** entre las superficies de los dos fluidos.

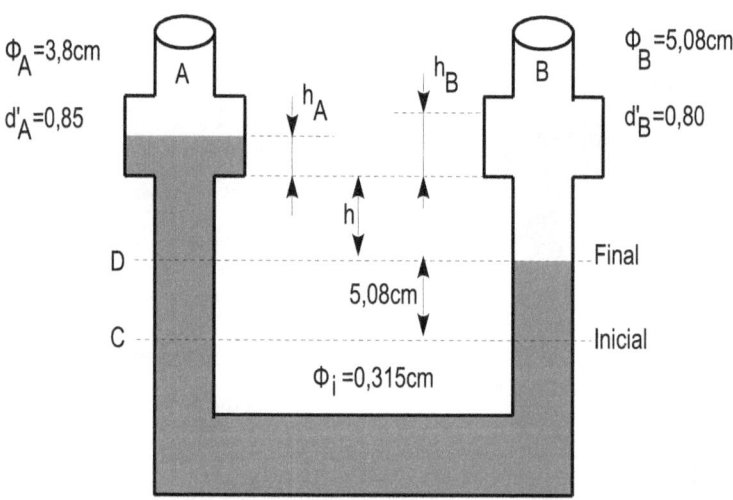

SOLUCIÓN:

$p_C = p_A + d_A g(h+h_A+5,08) = p_B + d_B g(h+h_B+5,08)$
E inicialmente: $p_A = p_B$ con lo que: $d_A(h+h_A+5,08) = d_B(h+h_B+5,08)$

Después de conectar el manómetro, sucede que:
$p_D = p_A + d_A g(h+h_A-h'_A) = p_B + d_B g(h+h_B+h'_B)$ ⇒
$\dfrac{p_A - p_B}{g} = d_B(h+h_B+h'_B) - d_A(h+h_A-h'_A)$ y como:

$Sh^o = S_A h'_A$ y $Sh^o = S_B h'_B$ ⇒ $h'_A = \dfrac{Sh^o}{S_A}$ y $h'_B = \dfrac{Sh^o}{S_B}$ donde:

$h^o = 5,08 \, cm$; y por lo tanto, tenemos que:

$\dfrac{p_A - p_B}{g} = d_B\left(h+h_B+\dfrac{S*5,08}{S_B}\right) - d_A\left(h+h_A-\dfrac{S*5,08}{S_A}\right)$

Y antes de conectar el manómetro:
$d_A(h+h_A+5,08) = d_B(h+h_B+5,08)$ entonces:

$h_A = \dfrac{d_B(h+h_B+5,08) - d_A(h+5,08)}{d_A}$ y así:

$\dfrac{p_A - p_B}{g} = \dfrac{d_B h + d_B h_B + d_B * S * 5,08}{S_B} - (hd_A + d_B(h+h_B+5,08) -$

$- d_A(h+5,08) - \dfrac{d_A * S * 5,08}{S_A}) \Rightarrow$

$\dfrac{p_A - p_B}{g} = \dfrac{d_B * S * 5,08}{S_B} - d_B * 5,08 + d_A * 5,08 + \dfrac{d_A * S * 5,08}{S_A} \Rightarrow$

$\dfrac{p_A - p_B}{g} = 5,08 * 100 \dfrac{d_B S}{S_B} - d_B + d_A + \dfrac{d_A S}{S_A} \Rightarrow$

$p_A - p_B = 289 \, din/cm^2$ ⇒ $\mathbf{p_A - p_B = 2,95 * 10^{-4} \, kg/cm^2}$

36: velocidad de vaciado

En el fondo de un recipiente cilíndrico de **30cm** de radio, se abre un orificio circular de **5cm** de radio.

Si se llena de agua dicho depósito, ¿con qué velocidad fluirá ésta por el orificio, en el instante en que la altura del líquido sea de **60cm**?

¿Qué % de error introduce en el resultado si se desprecia la velocidad propia de la superficie libre del líquido en el depósito?

Tomar: $g = 9{,}806\, m/s^2$

SOLUCIÓN:

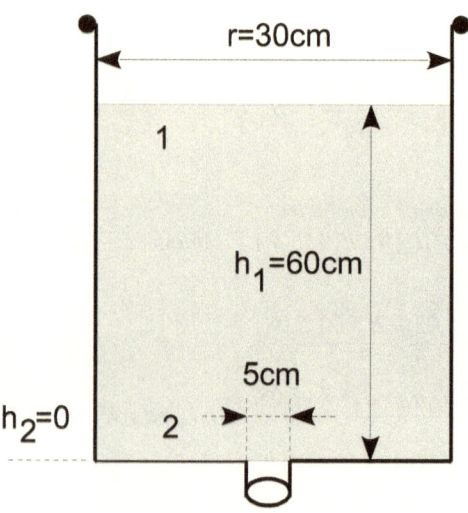

Aplicando el Teorema de Bernoulli tenemos:
$P + dgh + 0{,}5 * dv^2 = constante \Rightarrow$
$p_1 + dgh_1 + 0{,}5 * dv_1^2 = p_2 + dgh_2 + 0{,}5 * dv_2^2$
y como: $p_1 = p_2 = p_{atm}$ entonces:
si: $h_1 = 60cm$; $h_2 = 0$ y además:

$Gasto = G = S_1 V_1 = S_2 V_2 \Rightarrow v_1 = S_2 \dfrac{V_2}{S_1} \Rightarrow$

$dgh_1 + 0{,}5\, d\left(\dfrac{S_2}{S_1}\right)^2 v_2^2 = 0{,}5 * d\, v_2^2 \Rightarrow 2gh_1 = v_2^2\left(1 - \dfrac{S_2^2}{S_1^2}\right) \Rightarrow$

$v_2 = \sqrt{\dfrac{2gh_1}{1 - \dfrac{S_2^2}{S_1^2}}} \Rightarrow v_2 = 34{,}32\, m/s$

Ejercicios de Física: 3 Mecánica de Fluidos

Despreciando la velocidad de la superficie libre del líquido tenemos:
$dgh_1 = 0,5 * dv_2^2 \Rightarrow v_2 = \sqrt{2gh_1} = 34,30 \, m/s$ *Entonces:*

$\%Error = \dfrac{34,32 - 34,30}{34,30} \Rightarrow \%Error = 0,04\%$

37: alcance de chorros de agua

El agua alcanza una altura **H** en un depósito grande, cuyas paredes son verticales. Se realiza un orificio en una de las paredes a una profundidad **h** por debajo de la superficie del agua.

a) ¿A qué distancia **R** del pie de la pared alcanzará el suelo el chorro de agua que sale por el orificio?.

b) ¿A qué altura por encima del fondo del depósito puede realizarse un segundo orificio para que el chorro que salga de él tenga el mismo alcance que el anterior?.

SOLUCIONES:

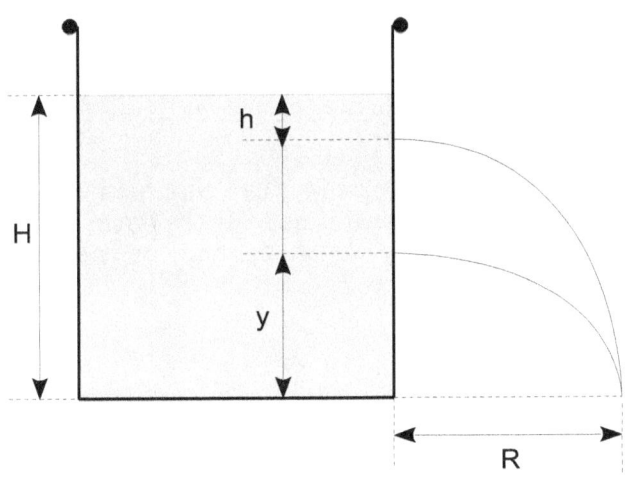

$R = V_x t$ con: $V_x = \sqrt{2gh}$ y:
$H - h = 0,5 g t^2$ entonces:

a) $t = \sqrt{2\dfrac{H-h}{g}}$ y así tenemos:

$$R = 2\sqrt{(H-h)h}$$

$R = V'_x t' = \sqrt{2g(H-y)}\, t'$ con: $y = 0,5 g t'^2$ ⇒ $t' = \sqrt{\dfrac{2y}{g}}$ ⇒

b) $R = \sqrt{2g(H-y)\dfrac{2y}{g}} = 2\sqrt{y(H-y)}$ y como:

$2\sqrt{(H-y)h} = 2\sqrt{y(H-y)}$ ⇒ $h = y$

38: dinámica en un depósito cilíndrico

Un depósito cilíndrico, abierto por su parte superior, tiene **20cm** de altura y **10cm** de diámetro.

En el centro de su fondo se practica un orificio circular de $1cm^2$ El agua entra en el depósito por un tubo, colocado en la parte superior, a razón de $140 cm^3/s$

a) ¿Qué altura alcanzará el agua en el interior del depósito?
b) Si se tiene tapada la entrada de agua al depósito después de que ésta haya alcanzado la altura anterior, ¿qué tiempo es necesario para vaciar el depósito?

SOLUCIONES:

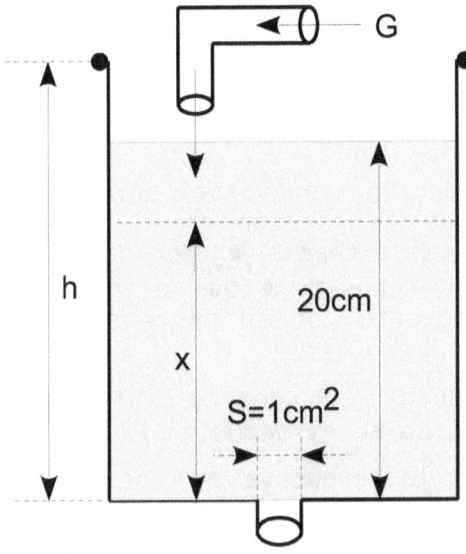

$Gasto = G = 140 \text{cm}^3/s = SV_s$ donde:

a)
V_s es la velocidad de salida, y por tanto:
$$V_s = \frac{G}{S} = \frac{140}{1} = 140 \text{cm}^3/s \quad \text{y como:}$$

$V_s = \sqrt{2gh} \Rightarrow \boldsymbol{h = 10\,cm}$

b)
$S_D dx = S_O \sqrt{2gx}\, dt$ con S_D la sección del depósito y S_O la del orificio $\Rightarrow$

$G = S_O V_s = S_D \dfrac{dx}{dt} \Rightarrow -S_D dx = S_O \sqrt{2gx}\, dt$ y por lo tanto:

$\displaystyle\int_h^0 -S_D dx = \int_0^t S_O \sqrt{2gx}\, dt \Rightarrow -\int_{10}^0 \dfrac{dx}{\sqrt{x}} = S_O \sqrt{2g}\, \dfrac{1}{S_D} \int_0^t dt \Rightarrow \boldsymbol{t = 11{,}9\,s}$

39: Teoremas de Bernoulli y Continuidad

Dos depósitos abiertos muy grandes y dispuestos como indica la figura siguiente, contienen el mismo líquido.

Un tubo horizontal **BCD**, que tiene un estrechamiento en el punto **C** descarga agua del fondo del depósito **A** y un tubo vertical **E** se abre en **C** en el anterior estrechamiento y se introduce en el líquido del depósito **F**

Suponer que el flujo es laminar y sin viscosidad.

Si la sección transversal en el estrechamiento **C** es la mitad de la sección en el tramo **D** y si **D** se encuentra a una distancia h_1 por debajo del nivel del líquido en el depósito **A** que está, al igual que el depósito **F**, abierto por su parte superior, se quiere saber:

¿qué altura h_2 alcanzará el fluido en el tubo **E** introducido en el depósito **F**?

Expresar la respuesta en función de h_1

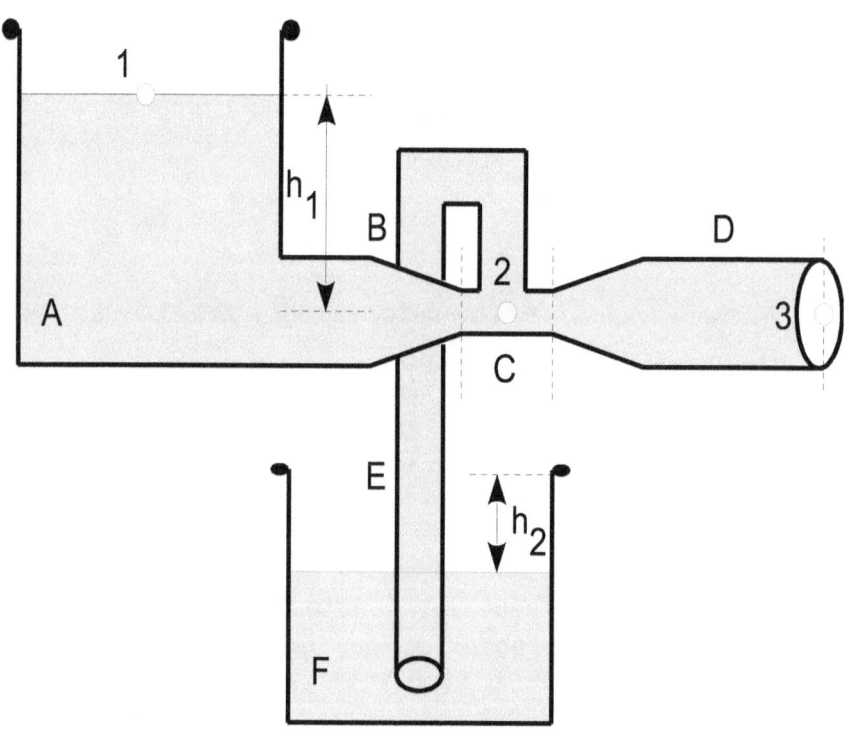

SOLUCIONES:

Aplicando el Teorema de Bernoulli entre los puntos 1 y 3 y despreciando la velocidad del fluido en su superficie libre, tenemos que:

$$P_{atm} + dgh_1 = P_{atm} + 0,5\, dv_D^2 \quad \Rightarrow \quad v_D = \sqrt{2gh_1}$$

Aplicándolo nuevamente entre los puntos 1 y 2, tenemos que:

$$P_{atm} + dgh_1 = P_C + 0,5\, dv_C^2 \quad \Rightarrow \quad P_C = P_{atm} - d(0,5\, v_C^2 - gh_1) \quad \Rightarrow$$
$$P_C = P_{atm} - dgh_2 \quad \Rightarrow \quad gh_2 = 0,5\, v_C^2 - gh_1 \quad \Rightarrow \quad \text{por el Teorema de Continuidad:}$$

$$v_C = S_D \frac{v_D}{S_C} = S_D \frac{v_D}{S_D/2} \quad \Rightarrow \quad v_C = 2v_D = 2\sqrt{2gh_1} \quad \text{y por otro lado:}$$

$$gh_2 = \frac{v_C^2}{2} - gh_1 = 0,5 * 8gh_1 - gh_1 = 3gh_1 \quad \Rightarrow \quad \boldsymbol{h_2 = 3h_1}$$

40: Principio de Arquímedes

Un bloque de cierto material de densidad relativa **0,75** y de dimensiones **0,6x0,3x0,1 metros**, se debe de atar a un bloque de acero de densidad relativa **7,8** para que al introducirlo en un depósito lleno de agua, su superficie superior coincida exactamente con el nivel del líquido.

Calcular el volumen de tal bloque de acero.

SOLUCIÓN:

Por el Principio de Arquímedes, la masa del bloque y del acero es igual a la masa del agua desalojada, entonces tenemos que:

v_1 = volumen bloque con densidad d_1
v_2 = volumen bloque de acero con densidad d_2 $\Rightarrow$
d = densidad del agua

$$60*30*10*0,75 + v_2*7,8 = (60*30*10+v_2)*1 \Rightarrow$$

$$v_2 = \frac{18.000-13.500}{7,8-1} \Rightarrow v_2 = 661,73 \, cm^3$$

41: peso en el aire y en el agua

Un cierto objeto pesa en el aire **100kg** y **60kg** en el agua.

Calcular:
a) La densidad del objeto.
b) Volumen del mismo.

SOLUCIONES:

a) $100-60 = \dfrac{V*1000}{9,8}*9,8 \Rightarrow V = 0,04 \, m^3$

b) $d = \dfrac{m}{V} = \dfrac{100}{9,8*0,04} \Rightarrow d = 2.500 \, kg/m^3$

42: líquidos de varias densidades

Un bloque cúbico de madera de **20cm** de arista, está sumergido en dos líquidos inmiscibles de densidades relativas **0,75** y **1,25** tal como indica la figura siguiente.

La cara inferior del cubo está a **6cm** por debajo de la superficie del líquido más denso.

Calcular:
a) La densidad del bloque.
b) La presión manométrica en la cara superior del bloque.
c) La presión absoluta sobre la cara inferior del bloque.

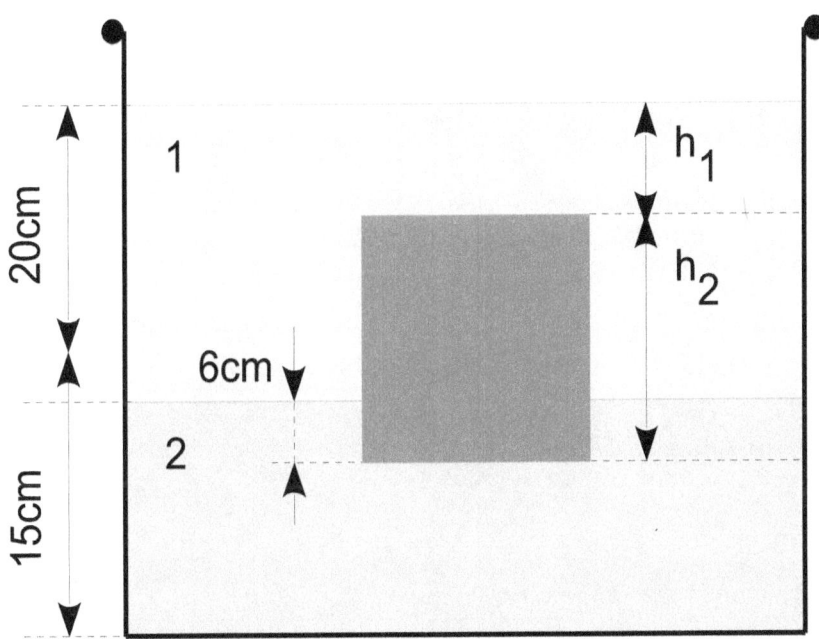

SOLUCIONES:

Aplicando el Principio de Arquímedes, tenemos que:

$g V_1 d_1 + g V_2 d_2 = g V d_b$ *donde:*

a)
$V_1 =$ volumen del bloque en el líquido menos denso
$V_2 =$ idem para el líquido más denso
$V =$ volumen total del bloque con densidad d_b
$d_1 =$ densidad del líquido menos denso
$d_2 =$ densidad del líquido más denso
$\Rightarrow$

$$20*20*14*0,75 + 20*20*6*1,25 = 20*20*20*d$$

$d = 0,91 \, gr/cm^3$

b) $P_m = dgh_1 = 0,91*980*6 \Rightarrow$ **$P_m = 5.350 \, din/cm^2$**

$p = p_a + d_1 g h'_2 + d_2 h_2''$ donde:

c)
$h'_2 =$ altura líquido menos denso
$h_2'' =$ altura líquido más denso hasta cara inferior del bloque
$p_a =$ presión atmosférica, $p_a = 1,013*10^6 \, din/cm^2$
$\Rightarrow$

$$p = 1,013*10^6 + 0,75*980*20 + 1,25*980*6 \Rightarrow$$

$p = 1,035*10^6 \, din/cm^2$

43: hundimiento en un líquido

Una boya cilíndrica de **1m** de diámetro se encuentra flotando verticalmente en el mar de densidad **$1,06 \, gr/cm^3$** Se sitúa sobre ella un hombre de **80kg** de peso.

Calcular:

a) La distancia adicional que se hunde la boya.

b) Si la longitud sumergida es **1,5m** calcular el peso de la boya.

Ejercicios de Física: 3 Mecánica de Fluidos

SOLUCIONES:

a) $80 = \pi * 0,5^2 h * 1,06 * 1000 \Rightarrow$ **$h = 0,096\,m$**

b) $Peso = \pi r^2 hdg = \pi * 0,5^2 * 1,5 * 1,06 * 10^3 \Rightarrow$ **$Peso = 1.249\,kg$**

44: cálculo de densidades

Calcular la densidad de un cuerpo líquido sabiendo que un aerómetro graduado señala **0** sumergido en agua de densidad **1, 20** cuando se sumerge en un líquido de densidad **1,125** y **50** al sumergirlo en el líquido del ejercicio.

SOLUCIÓN:

Si V=volumen aerómetro y v el volumen de cada división, entonces:
$\left. \begin{array}{l} Peso\,aerómetro = Peso\,del\,agua\,desalojada \\ Peso\,aerómetro = Peso\,de\,la\,disolución\,desalojada\,de: V - 20v \end{array} \right\} \Rightarrow$

$V * 1 * g = (V - 20v) * 1,125\,g \Rightarrow \dfrac{V}{v} = 180 \quad y\,como:$

$Peso\,del\,aerómetro = Peso\,del\,líquido\,desalojado \Rightarrow V = (60v + V)d \Rightarrow$

$d = \dfrac{180}{120} \Rightarrow$ **$d = 1,5\,gr/cm^3$**

45: velocidad de salida de un líquido

Un depósito de gran superficie, cerrado superiormente contiene agua a la presión manométrica de $P = 0,27\,kg/cm^2$ ejercida por medio de aire comprimido. Se realiza en la pared lateral un orificio, **3m** por debajo del nivel de agua.

Calcular la velocidad de salida del agua a través del orificio.

SOLUCIÓN:

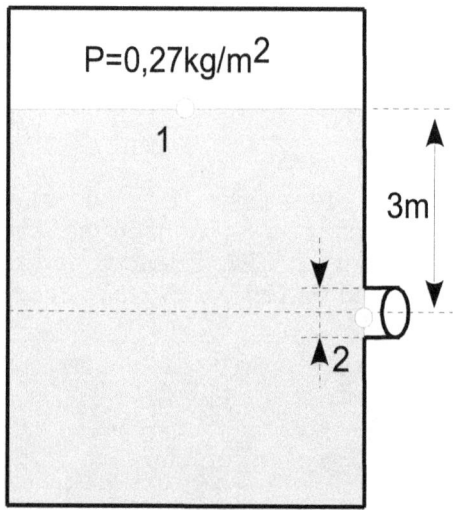

Aplicando el Teorema de Bernoulli en 1 y 2:

$$p_1 + \frac{dv_1^2}{2} + dgh_1 = p_2 + \frac{dv_2^2}{2} + dgh_2 \quad con: \quad h_2 = 0$$

Por lo tanto:

$$\left.\begin{array}{l} p_1 = p_m + p_{atm} \\ p_2 = p_{atm} \\ p_m = p_1 - p_2 \end{array}\right\} \Rightarrow v_1 \approx 0 \quad pues:$$

La superficie del depósito es muy grande y así:

$$p_1 - p_2 = \frac{dv_2^2}{2} \quad con: \quad d = 1.000 \text{kg}/m^3 \quad y\ por\ lo\ tanto:$$

$$0,27 * 10^4 * 9,8 = 0,5 * 1000 * v_2^2 \Rightarrow \boldsymbol{v_2 = 7,28\ m/s}$$

46: presión en tuberías

Un depósito de gran superficie, de **10m** de altura, se encuentra lleno de agua. De una pared lateral sale una tubería de $500cm^2$ de sección que acaba horizontalmente **2m** por debajo del fondo del depósito. En la parte final de este tramo, la tubería se estrecha hasta presentar una sección final de $250cm^2$

Calcular la presión en la parte horizontal de la tubería en donde la sección es de $500cm^2$

SOLUCIÓN:

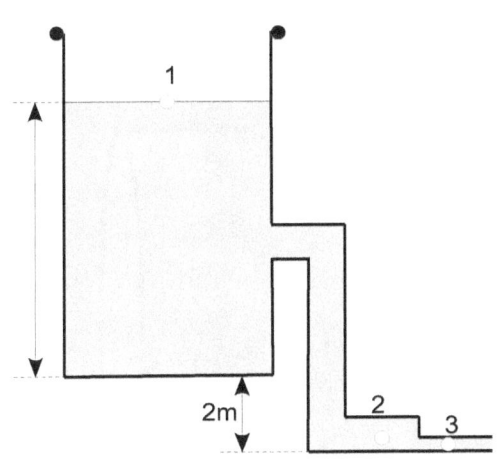

$\left.\begin{array}{l} p_1 = p_3 = p_{atm} \\ v_1 = 0 \\ h_1 = h_3 = 0 \end{array}\right\}$ ... y aplicando el Teorema de Bernoulli en 1 y 3:

$p_1 + d\dfrac{v_1^2}{2} + dgh_1 = p_3 + d\dfrac{v_3^2}{2} + dgh_3$ y así:

$v_3 = 15,34 \, m/s$

Aplicando la Ecuación de Continuidad en 2 y 3:

$A_2 V_2 = A_3 V_3 \;\Rightarrow\; V_2 = \dfrac{V_3}{2} = 7,67 \, m/s$ y

... aplicando nuevamente Bernoulli entre 2 y 3, tenemos:

$p_2 + \dfrac{dv_2^2}{2} + dgh_2 = p_3 + \dfrac{dv_3^2}{2} + dgh_3 \;\Rightarrow\; p_2 = p_3 + \dfrac{d}{2}(v_3^2 - v_2^2)$ y por lo tanto:

$p_2 = 19.334 \, kg/m^2$

47: presiones y secciones

Un tubo tiene una sección de $10cm^2$ y está colocado en posición horizontal en un punto en el cual la presión manométrica es de $0,476\,kg/cm^2$

Si el agua fluye por la sección transversal de la tubería a razón de $15dm^3/s$

¿Cuál será la sección transversal del tubo en un punto en el que la presión absoluta es $1,9\,kg/m^2$

SOLUCIÓN:

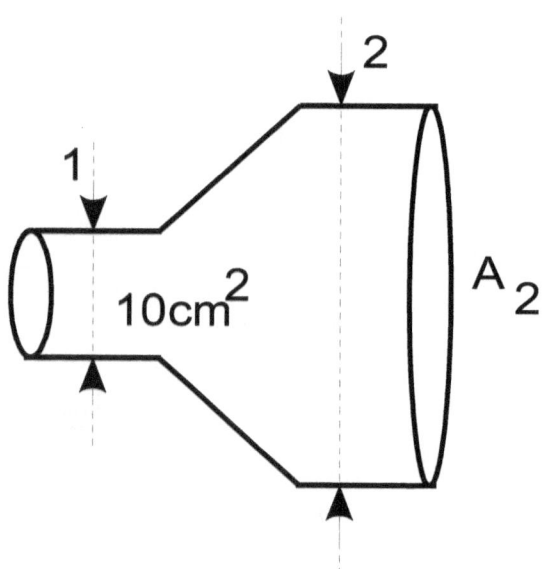

$$p_1 + dgh_1 + \frac{dv_1^2}{2} = p_2 + dgh_2 + \frac{dv_2^2}{2} \quad con:$$

$h_1 = h_2 \;\Rightarrow\; p_1 + 0,5\,dv_1^2 = p_2 + 0,5\,dv_2^2 \;\; donde:$
p_1 y p_2 son presiones absolutas, y además:

$1,5*10^{-3} = 10*10^{-4}\,v_1 \;\Rightarrow\; v_1 = 15m/s \;\Rightarrow$
$p_1 = 1,033 + 0,467 = 1,5\,kg/cm^2 = 1,5*10^4\,kg/m^2$

Ejercicios de Física: 3 Mecánica de Fluidos

En el Sistema Técnico Terrestre (T.T.) la densidad del agua es:

$$d=\frac{1.000}{9,8}u.t.m/m^3 \Rightarrow 1,5*10^4+0,5\frac{1.000}{9,8}*15^2=1,9*10^4+0,5\frac{1.000}{9,8}v_2^2 \Rightarrow$$

$v_2=12,12 \, m/s$ *y por la Ecuación de Continuidad:* $15*10^{-3}=12,12 \, A_2 \Rightarrow$

$A_2=12,39 \, cm^2$

48: Contador Venturi

Se intenta medir el caudal de cierto líquido de densidad *1,06 gr/cm³* que fluye a través de una conducción.

Para ello se utiliza un Contador Venturi cuyas secciones son *1.000cm²* en la parte ancha y *500cm²* en el estrechamiento.

La diferencia de presiones entre ambas partes se mide con dos tubos verticales dispuestos lateralmente y se observa que dicha diferencia es de *1kg/cm²* ¿cuál es la medida del caudal?.

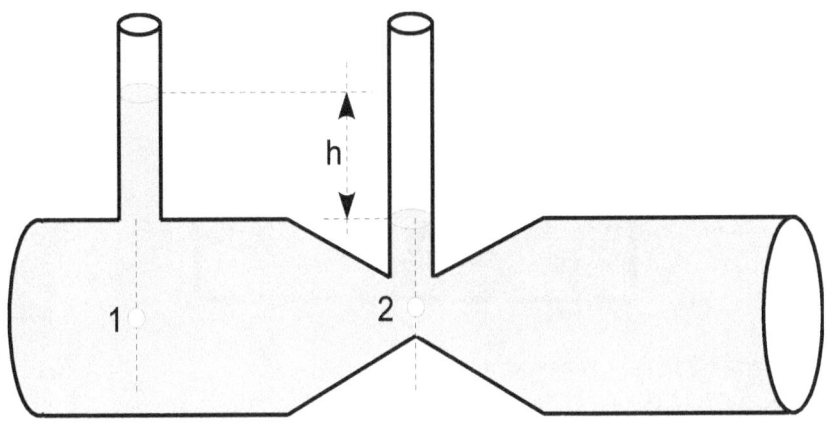

SOLUCIÓN:

49: velocidad límite en un líquido

Una esfera de acero de radio $r=3mm$ parte del reposo y cae en un depósito de glicerina.

Calcular:

a) ¿Cuál será la aceleración de la esfera en el instante en que la velocidad sea la mitad de la velocidad límite?.

b) ¿Cuál es la velocidad límite de la esfera?.

Datos: $d_{ac}=9gr/cm^3=d_1$; $d_{gli}=1,3\,gr/cm^3=d_2$

y el coeficiente de viscosidad de la glicerina es $\eta=830cp$

SOLUCIÓN:

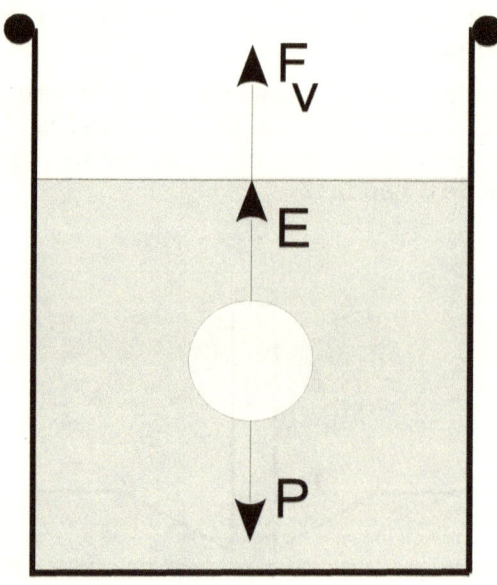

$P-E-F_v=0$ *y así tenemos que:*

a) $\frac{4}{3}\pi r^3 d_1 g - \frac{4}{3}\pi r^2 d_2 g - 6\pi\eta rv = 0$ *entonces:*

$v=\frac{4}{3}r^2 g \frac{d_1-d_2}{6\eta}$ $\Rightarrow$ $v=15,58\,cm/s$

$$\frac{4}{3}\pi r^3 g(d_1-d_2)-6\pi\eta rv' = \frac{4}{3}\pi r^3 d_1 a \qquad \text{y por lo tanto:}$$

b) $a = r^2 4g\dfrac{d_1-d_2}{4d_1 r^2} - \dfrac{18\eta v'}{4d_1 r^2}$ y como: $v = \dfrac{v'}{2} = 7{,}79\,cm/s$, entonces:

$$a = \frac{4*0{,}3^2*980(8-1{,}3)-18*8{,}3*7{,}79}{4*8*0{,}3^2} \quad\Rightarrow\quad a = 4{,}04\,m/s^2$$

50: energía cinética, velocidad en líquidos

Desde un punto situado a una altura de **10m** sobre la superficie de un estanque, lleno de agua y de profundidad **5m** se deja caer una esfera de **0,2cm** de radio.

Supuesto_A: La esfera es de hierro de densidad **7,5** Calcular:

    a) El tiempo que tarda en llegar al fondo del estanque.

    b) La energía cinética al llegar al fondo

Supuesto_B: La esfera es de madera de densidad **0,3** Calcular:

    a) La profundidad hasta la que llega.

    b) La velocidad con la que sube hasta la superficie.

SOLUCIONES:

Supuesto_A:

a) $P - E = ma_1 \Rightarrow d_c vg - d_a vg = d_c v a_1 \Rightarrow a_1 = g\dfrac{d_a-d_c}{d_c} \Rightarrow a_1 = 8{,}49\,m/s^2$

$e = vt + \dfrac{1}{2}a_1 t_1^2 \Rightarrow t_1 = \dfrac{-v \pm \sqrt{v^2 + 2a_1 e}}{a_1} \Rightarrow \boldsymbol{t_1 = 0{,}32\,s}$

b) $\left.\begin{array}{l} v_f=\sqrt{v^2+2a_1 e}=16,76\,m/s \\ m=\dfrac{4}{3}\pi r^3 d_c=0,251\,gr=2,51*10^{-4}\,kg \end{array}\right\} \Rightarrow$

$\Rightarrow \quad E_c=\dfrac{1}{2}mv_f^2=0,5*2,51*10^{-4}*280,9 \quad \Rightarrow \quad \boldsymbol{E_c=3,52*10^{-2}\,J}$

Supuesto_B:

a) $a_2=g\dfrac{d_c-d_a}{d_c}=-22,8\,m/s^2$ *y en el punto más bajo de la trayectoria:*

$v=0 \Rightarrow v^2+2a_2 x=0 \Rightarrow \boldsymbol{x=4,29\,m}$

b) $v=\sqrt{2a_2 x}=\sqrt{196} \Rightarrow \boldsymbol{v=14\,m/s}$

51: densidad de una esfera de vidrio

Una esfera maciza de vidrio y de radio **R=3cm** se encuentra parcialmente sumergida en mercurio. El punto inferior de la esfera se encuentra a una distancia **h=1,5 m** de la superficie del mercurio.

¿Qué densidad posee dicho vidrio?

SOLUCIÓN:

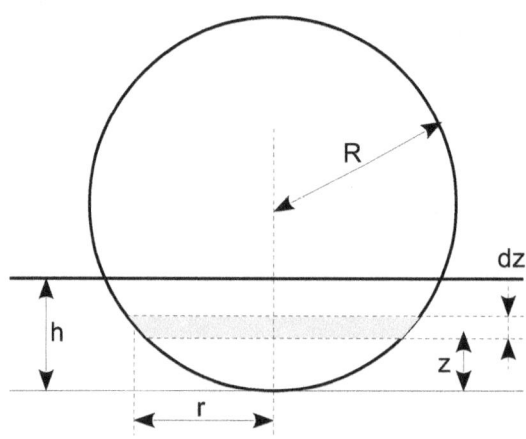

El volumen del casquete esférico que está sumergido es:

$$V = \int_0^h \pi r^2 dz = \int_0^h (2Rz - z^2) dz =$$
$$= \pi \left(\frac{-h^3}{3} + Rh^2\right) = \pi h^2 \left(R - \frac{h}{3}\right)$$

Y aplicando el Principio de Arquímedes:

$$\frac{4}{3}\pi R^3 d = h^2 \pi \left(R - \frac{h}{3}\right) d' \quad y\ así:$$

$$d = \frac{h^3}{3} * \frac{3R-h}{4/3R^3} d' = h^2 \frac{3R-h}{4R^3} d'$$

...*y como:* $d' = 13{,}6$ *entonces:*
$d = 2{,}25(9-1{,}5)\,13{,}6/108 \Rightarrow \mathbf{d = 2{,}12\ gr/cm^3}$

52: carga de un depósito en movimiento

Para cargar de agua un depósito de una locomotora en marcha, se utiliza un dispositivo como el de la figura siguiente.

La altura del tubo es **h=3m** y la sección $S = 400 cm^2$

Suponiendo que un **20%** de la energía del agua se pierde al ascender por el tubo, consecuencia de la fricción.

Calcular:

a) La velocidad mínima del tren, en **km/h** para que se cargue el agua.

b) La longitud **L** que ha de tener el foso para que con una velocidad del tren de **72km/h** se cargue el depósito de agua con un volumen $V = 16m^3$

SOLUCIONES:

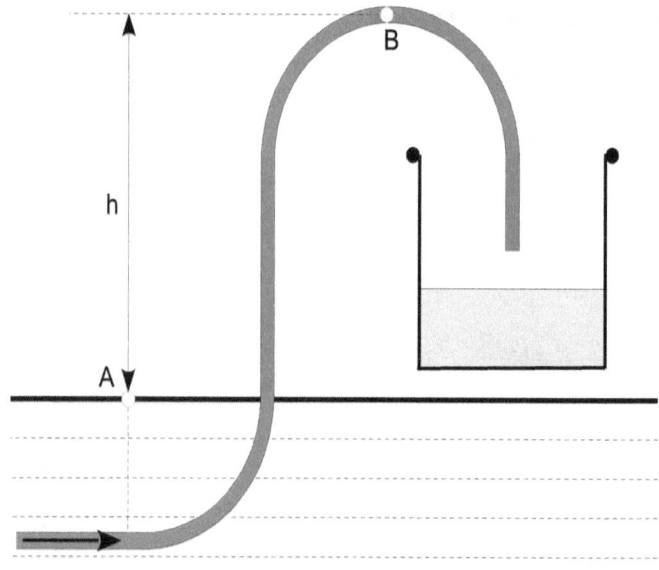

Si V_A es la velocidad del tren, entonces:
la energía por unidad de masa (E/m) es:

a) $\dfrac{E}{m}=\dfrac{V_A^2}{2g}$ *del agua que entra, así:*

$h=\dfrac{V_A^2*80}{2g*100}$ ⇒ $V_A=8,6\,m/s$ ⇒
$V_A=31km/h$

b) $\dfrac{80V_A^2}{100*2g}=h+\dfrac{v^2}{2g}$ *donde, ahora:* $V_A=20m/s=72km/h$ *y por lo tanto:*

$v=\sqrt{0,8\,V_A^2-2gh}$ ⇒ $t=\dfrac{L}{V_A}=\dfrac{V}{Sv}$ ⇒ ***L=496m***

```
53: caudal en una tubería
```
   Dada una conducción de agua como la de la figura siguiente, en la que se sabe que el agua del depósito está sometida a una presión de **2atm** siendo la presión exterior de **1atm**

El depósito se supone lo suficientemente grande para que su nivel sea constante durante el tiempo de circulación de agua por las tuberías.

Si las tuberías son de sección circular, siendo los tramos **A B** y **BC** de diferente diámetro con $AB=40cm$ y suponiendo que el agua sea un fluido ideal, despreciando las pérdidas de carga.

Calcular:

a) El diámetro del tramo **BC** para que el caudal sea $1 m^3/s$

b) El punto o puntos de la tubería donde la presión es menor que la presión atmosférica y el valor de la presión mínima. Representar tales puntos.

c) El punto o puntos de la tubería donde la presión es mayor que la atmosférica. Representarlos.

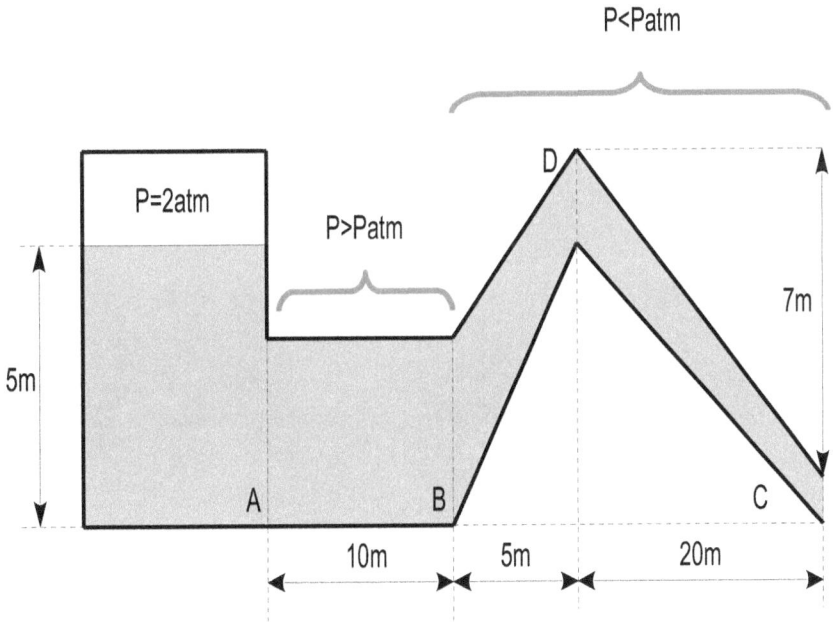

SOLUCIONES:

a) $P+dgh=P_o+\dfrac{dv_C^2}{2}$ ⇒ $v_C=\sqrt{\dfrac{2(P-P_o+dgh)}{d}}=17\text{m/s}$ así:

Caudal $=C=S_C v_C=\pi d_C^2 \dfrac{v_C}{4}$ donde: d_C es el diámetro BC, entonces:

$d_C=\sqrt{\dfrac{4C}{\pi v_C}}=\sqrt{\dfrac{4*10^6}{1.700\pi}}$ ⇒ $d_C=27,3\,cm$

$S_A v_A = S_C v_C$ ⇒ $d_A^2 v_C = d_C^2 v_A$ y por lo tanto:

$v_A = v_C \dfrac{d_C^2}{d_A^2} = \dfrac{1.700*7.493}{1.600} = 796\,\text{cm/s}$ y por otro lado:

b) y c) $P_A+d\dfrac{v_A^2}{2}=P_C+d\dfrac{v_C^2}{2}$ y como: $P_C=P_o=P_{atm}$ entonces:

$d\dfrac{v_A^2}{2}<d\dfrac{v_C^2}{2}$ así, el tramo AB esá a mayor presión que P_{atm} y:

$P_A=P_C d\dfrac{v_C^2-v_A^2}{2}$ ⇒ $\boldsymbol{P_A=3atm}$

En todo el tramo BCD la presión es menor que la atmosférica, así:

$P_x+dgh+\dfrac{dv_x^2}{2}=P_o+d\dfrac{v_C^2}{2}$ y como $v_x=v_c$ entonces: $P_x=P_o-dgh$ ⇒

$P_x<P_o=P_{atm}$,   así la presión es mínima cuando: $h=7\text{m}$ y así:
$P_x=980*10^3-980*700$ ⇒ $\boldsymbol{P_x=0,3\,atm}$

El gráfico indica el tramo de tubería con mayor y con menor presión

---

54: presión absoluta y caudal

De un depósito muy grande, **A** sale agua continuamente a través de otro depósito menor, **B** y de un orificio **C** como el que se indica en la figura siguiente.

Ejercicios de Física: 3 Mecánica de Fluidos

El nivel de agua en **A** se supone constante y a una altura **H=12m** Las secciones del orificio **C** y del depósito **B** son **225 y 450cm²** respectivamente.

Calcular la presión absoluta **P** en el depósito **B** y el caudal **C** circulante, en **l/s**

SOLUCIÓN:

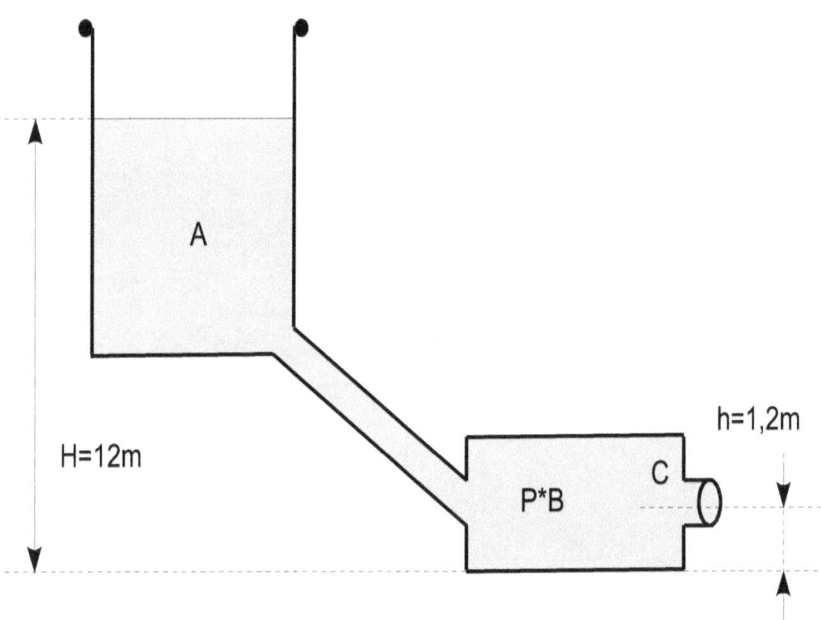

$$P_o + dgH = P_o + \frac{dv_C^2}{2} + dgh \Rightarrow v_C = \sqrt{2g(H-h)} = \sqrt{2*9,8(12-1,2)} \Rightarrow$$

$v_C = 14,5\, m/s$ y como: $v_C S_C = v_B S_B \Rightarrow v_B = v_C \frac{S_C}{S_B} = \frac{1.450*225}{450} = 725 cm/s$

$C = S_C v_C = 225*1.450 \Rightarrow C = 326,25\, l/s$

$P + \frac{dv_B^2}{2} = P_o + d\frac{v_C^2}{2} \Rightarrow P = 980*1.033 + \frac{1.450^2 - 725^2}{2} \Rightarrow \boldsymbol{P = 1,8\, atm}$

55: presiones en una tubería compleja

Las dos tuberías de la siguiente figura tienen igual diámetro.

El depósito intermedio está cerrado herméticamente.

El agua sale libremente por el extremo inferior.

Calcular las presiones en **A, B, C, D** y **E** si se toma el proceso sin rozamiento y suponiendo que:

$1 atm = 1 kg/cm^2$

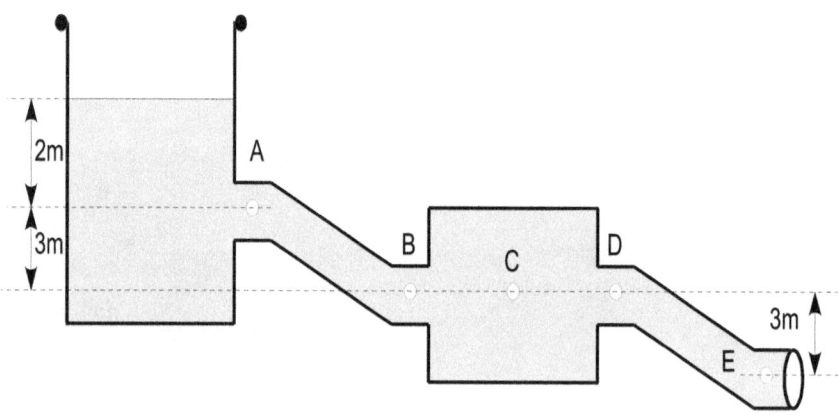

SOLUCIÓN:

Por tener las dos tuberías igual diámetro, la presión ejercida en su interior provoca que la velocidad del agua en ellas sea la misma y así:

$P_E = P_o$ ⇒ $\boldsymbol{P_E = 1\,atm}$

$P_D + dgh = P_E$ ⇒ $P_D = P_B = P_E - dgh = 1 - 0,3$ ⇒ $\boldsymbol{P_D = P_B = 0,7\,atm}$

$P_o + dgh = P_C$ y como $v_C \approx 0$ y $h = 5$m entonces: $P_C = 1 + 0,5$ ⇒

$\boldsymbol{P_C = 1,5\,atm}$

56: altura de un líquido en un capilar

Se tienen dos depósitos D_1 y D_2 como indica la figura siguiente, a distinta altura, comunicados por una tubería cilíndrica con un ángulo α respecto a la horizontal.

Calcular:

- Las velocidades del líquido en las secciones S_1 y S_2
- La altura que alcanzaría el agua en un capilar colocado en S_1

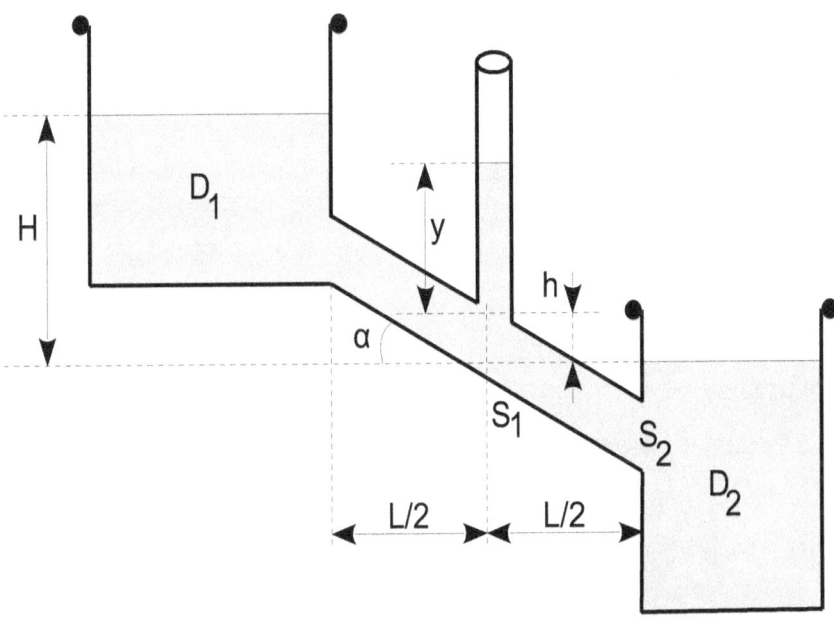

SOLUCIÓN:

$$P_o + dgH = P_o + \frac{dv_2^2}{2} \quad \Rightarrow \quad v_2 = \sqrt{2gH} \quad \text{y como:}$$

$$S_1 v_1 = S_2 v_2 \quad \text{entonces:} \quad v_1 = S_2 \frac{\sqrt{2gH}}{S_1}$$

$$P_1-P_o=dgy \Rightarrow y=\frac{P_1-P_o}{dg} \quad y \quad P_o+dgH=P_1+dgh+\frac{dv_1^2}{2} \Rightarrow$$

$$P_1-P_o=dg(H-h)-\frac{dv_1^2}{2} \Rightarrow y=\frac{dg(H-h)-\frac{dv_1^2}{2}}{dg} \Rightarrow$$

$$y=\frac{gH-\frac{g}{2}\tan\alpha-\frac{v_1^2}{2}}{g}=\frac{2gH-gL\tan\alpha-v_1^2}{g} \Rightarrow$$

$$y=2H\left(1-\frac{S_2^2}{S_1^2}\right)-L\tan\alpha$$

57: superficie de un bloque de hielo

¿Cuál es la mínima superficie de un bloque de hielo de **0,305m** de espesor para que, flotando en el agua, pueda sostener un automóvil que pesa **11.100Nw**?

Suponer que la densidad del hielo es:

$d_h=0,92\,gr/cm^3$

SOLUCIÓN:

El volumen del bloque es $V=Sh$, donde $h=0,305\,m$ y su peso será $P=d_h Vg$ $\Rightarrow$ el peso del agua desalojada es: $P'=dVg$ con: $d=1gr/cm^3$ entonces:

$P'-(P+11.100)=0 \Rightarrow dShg=d_h Shg+11.100 \Rightarrow$
$S=\dfrac{11.000}{hg(d-d_h)}=\dfrac{11.100}{0,305*9,8*(1.000-920)}$ y de esta manera:

$S=46,4\,m^2$

58: esfera hueca o maciza

Un objeto esférico pesa **125gr** y sumergido en agua su peso es de **90gr**

Calcular el radio del cuerpo e indicar si el objeto es macizo, sabiendo que la densidad del objeto es de $8.500 kg/m^3$

SOLUCIÓN:

$Empuje = E = (0,225 - 0,090) * 9,8 = 0,34 \, Nw = dgV$ con:

$d = 1.000 kg/m^3 \Rightarrow V = \dfrac{E}{dg} = 3,50 * 10^{-5} m^3 \Rightarrow$

$r^3 = \dfrac{V}{\dfrac{4}{3}\pi}$ y así: $r = 0,02 \, m$

$d = m/V \Rightarrow V = 0,125/8.500 = 1,47 * 10^{-5} m^3 \Rightarrow$

La esfera está hueca, pues si estuviera maciza:

$V = \dfrac{4}{3}\pi r^3 = 3,35 * 10^{-5} m^3 \neq 1,47 * 10^{-5} m^3$

59: flotación y densidades

Un bloque de madera flota en el agua con las **2/3** partes de su volumen sumergidas. En aceite tiene el **90%** de su volumen sumergido.

Calcular la densidad de la madera y del aceite.

SOLUCIONES:

$\left. \begin{array}{l} E_{ag} = empuje \ en \ el \ agua = \dfrac{2}{3} Vdg \\ E_{ac} = empuje \ en \ el \ aceite = 0,9 * Vd_{ac}g \\ P = E = Vd_m g \end{array} \right\} \Rightarrow$

$\dfrac{2}{3} Vdg = Vd_m g \Rightarrow d_m = \dfrac{2}{3} d = \dfrac{2}{3} 1.000$ y de esta manera:

$d_m = 6,67 * 10^2 \, kg/m^3$

Como: $0{,}9*Vd_{ac}g = Vd_m g \Rightarrow d_{ac} = \dfrac{d_m}{0{,}9}$ y por lo tanto:

$d_{ac} = 7{,}41 * 10^2 \, kg/m^3$

60: iceberg fuera del agua

¿Qué fracción del volumen total de un iceberg queda fuera del agua?.

Sabemos que la densidad del hielo y del agua de mar son **0,92** y **1,03** respectivamente.

SOLUCIÓN:

$V_t = V' + V$ donde V'=volumen de la parte sumergida y V=volumen de la la parte emergida. Por otra parte:

$Peso = P = d_h - V_t g - d_a V' g = E = Empuje \Rightarrow \dfrac{V'}{V} = \dfrac{d_h}{d_a} = \dfrac{0{,}92}{1{,}03}$ y

$1 = \dfrac{V_t}{V_t} = \dfrac{V + V'}{V_t} = \dfrac{V}{V_t} + \dfrac{V'}{V_t} \Rightarrow \dfrac{V}{V_t} = 1 - \dfrac{V'}{V_t} = 1 - \dfrac{0{,}92}{1{,}03} = \dfrac{11}{103} \Rightarrow$

La fracción es 11%

61: la corona de oro falsa

Una pieza de aleación de aluminio y oro pesa **5kg** Si se suspende de una balanza de resorte y se sumerge en agua, la balanza indica **4kg**

¿Cuál es el peso de oro de la aleación si las densidades relativas del oro y del aluminio son **19,3 y 2,5** respectivamente?.

SOLUCIÓN:

$F = mg - E$ con: $E = 5*9{,}8 - 4*9{,}8 = 9{,}8 \, Nw = dgV \Rightarrow$

$V = \dfrac{E}{dg} = \dfrac{9{,}8}{1.000*9{,}8} = 10^{-3} m^3 \Rightarrow V_t = V_{al} + V_{au} \Rightarrow m_t = m_{al} + m_{au}$ y como:

$$d_c = \frac{m}{V} \Rightarrow m_{al} = d_{al}V_{al}; \quad m_{au} = d_{au}V_{au} = 5.000 = m_{al} + m_{au} \quad y:$$

$$1.000 = \frac{m_{al}}{2,5} + \frac{m_{au}}{19,3} \Rightarrow m_{au} = 2.872gr \quad y \quad m_{al} = 2.128gr$$

62: cubo entre dos líquidos

Un bloque cúbico de **10cm** de arista, flota entre dos capas de aceite y agua como indica la figura siguiente, estando su cara inferior a **2cm** por debajo de la superficie de separación de los líquidos. Si la densidad del aceite es $d_{ac} = 0,6 \, gr/cm^3$

Calcular:

a) La masa del bloque.

b) La presión en la superficie inferior del bloque.

SOLUCIÓN:

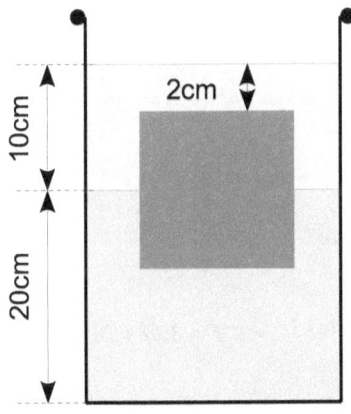

a)
$E = mg$ *con:*
$E_1 = d_1 g V_1 = 1*980*2 = 1,96*10^5 \, din(agua)$
$E_2 = d_2 g V_2 = 0,6*980*8*10^2 = 4,7*10^5 \, din(aceite)$ $\Rightarrow$

$E = E_1 + E_2 = 6,66*10^5 = mg \Rightarrow Peso = mg = \frac{6,66*10^5}{10^5} \Rightarrow$

$Peso = 6,66 \, Nw$

b)
$P = d_1 g h_1 + d_2 g h_2 = 0,6*980*10 + 1*2*980 \Rightarrow$
$Presión = P = 7,84*10^3 \, din/cm^2$

63: presiones en el fondo

Un depósito de sección $0{,}50\,m^2$ contiene agua hasta una altura de **0,75m**. Se echa en el agua un cubo de arista **0,2m** y densidad $d=0{,}80$ Calcular:

a) La presión de un punto del fondo del depósito antes de echar el cubo.

b) La presión en un punto del fondo del depósito después de echar el cubo.

c) Las fuerzas que actúan en el fondo del depósito en los casos anteriores.

SOLUCIONES:

$DP=dgDh$ con $DP=$ variación de la presión y $Dh=$ variación de altura

a) Si $P_o=0 \Rightarrow DP=P=dgh \Rightarrow P=1.000*9{,}8*0{,}75$ y entonces:

$P=7{,}35*10^3\,Nw/m^2$

$P=E \Rightarrow mg=dVg \Rightarrow a^3d'g=dVg \Rightarrow V=a^3\dfrac{d'}{d}$ donde d es la densidad del agua, d' la del cubo y a su arista, entonces tenemos:

b) $V=0{,}20^3*0{,}80=0{,}64*10^{-2}\,m^3$ y si: $S=0{,}5\,m^2$ entonces:

$D_x=\dfrac{V}{S}=\dfrac{0{,}64*10^{-2}}{0{,}50}=1{,}3*10^{-2}\,m$ y si: $P'=dg(h+D_x)$ entonces:

$P'=7{,}48*10^3\,Nw/m^2$

c)

$F=PS=7{,}35*10^3*0{,}5 \Rightarrow F=3{,}68*10^3\,Nw$ (antes de echar el cubo)

$F'=P'S=7{,}48*10^3*0{,}5 \Rightarrow F'=3{,}74*10^3\,Nw$ (después)

64: velocidad del líquido en un grifo

Un grifo tiene una abertura de diámetro **D** De él cae un chorro vertical de líquido incompresible. A **75cm** por debajo de la sección de salida, el líquido tiene un diámetro $D'=\dfrac{D}{2}$

Calcular la velocidad de salida del líquido.

SOLUCIÓN:

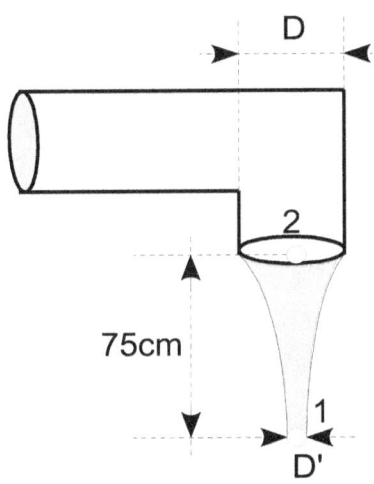

$$P_1+dgh_1+\frac{1}{2}dv_1^2=P_2+dgh_2+\frac{1}{2}dv_2^2 \quad y\ si: \quad P_1=P_2=P_{atm}$$

$d=$ densidad del líquido, h_1 y h_2 son las alturas en los puntos 1 y 2 y v_1 y v_2 sus respectivas velocidades:

$$\Rightarrow \quad dg(h_1-h_2)=\frac{1}{2}d(v_2^2-v_1^2) \quad y\ como: \quad S_1v_1=S_2v_2 \quad con:$$

$$\left.\begin{array}{l} S_1=\pi(\frac{D}{2})^2 \\ S_2=\pi(\frac{D/2}{2})^2 \end{array}\right\} \Rightarrow$$

$$\pi\frac{D^2}{4}v_1=\pi D^2\frac{v_2}{16} \quad \Rightarrow \quad v_2=4v_1 \quad \Rightarrow \quad v_1=0{,}99\ m/s$$

65: tiempo de vaciado

Un depósito lleno de agua tiene una sección de **$10m^2$** y una altura de **$1m$**

Calcular el tiempo que tardará en disminuir el nivel del agua a la mitad cuando se vacía a través de un agujero situado en el fondo y de sección $100 cm^2$

SOLUCIÓN:

Si S es la sección del depósito y s la del orificio:

$$v=\sqrt{2gh} \quad con \quad \frac{dV}{dt}=sv \quad \Rightarrow \quad dV=Sdh \quad \Rightarrow \quad \frac{Sdh}{dt}=s\sqrt{2gh} \quad \Rightarrow$$

$$dt=\frac{-Sdh}{s\sqrt{2g}\sqrt{h}} \quad \Rightarrow \quad \int_0^t dt=\frac{-S}{s\sqrt{2g}}\int_1^{0,5}\frac{dh}{\sqrt{h}} \quad \Rightarrow \quad t=\frac{-S}{s\sqrt{2g}}(2\sqrt{h})\Big|_1^{0,5} \quad \Rightarrow$$

$t = 132s$

66: presiones en un sifón

El sifón representado en la figura siguiente, transfiere agua de un recipiente a otro más bajo, para ello debe elevar el agua a una altura h_2 sobre el nivel del primer recipiente.

Si la sección transversal del sifón es:

$4*10^{-4} m^2$; $h_2=3m$; $h_3=5m$

y en el punto **3**, la presión es la atmosférica, p_o y vale $10^5 Nw/m^2$

Calcular:

a) La presión en el punto *1* del sifón.
b) La presión en el punto *2* del sifón.

c) La velocidad del agua en el interior del sifón.
d) El volumen de agua que pasa por segundo a través del sifón.

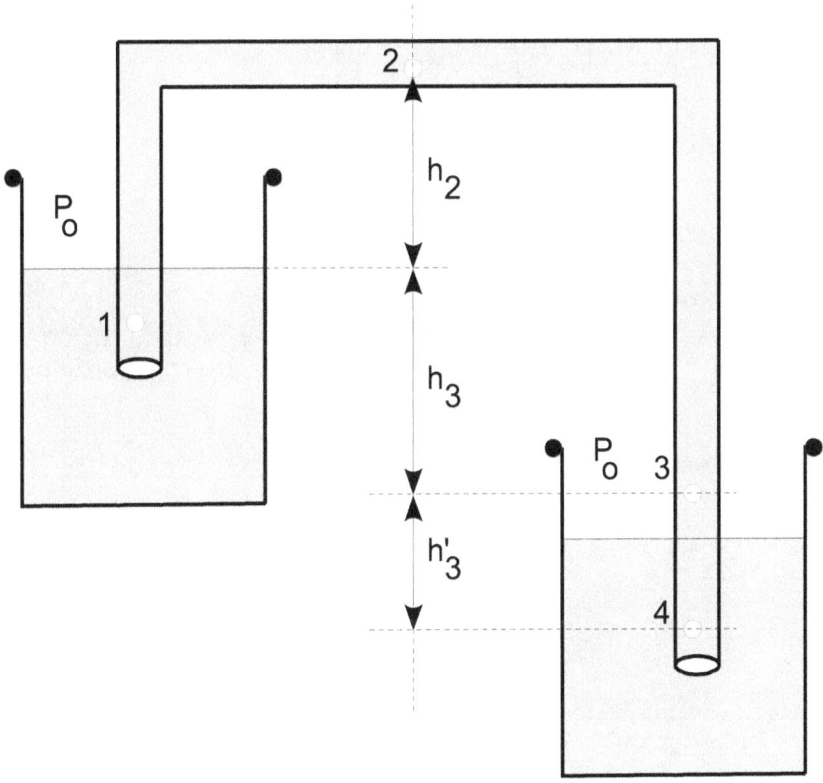

SOLUCIONES:

a) $P + \dfrac{dv^2}{2} + dgh = constante$ ⇒ $P_o = P_1 + \dfrac{dv_1^2}{2}$ ⇒ $\boldsymbol{P_1 = P_o - \dfrac{dv_1^2}{2}}$ (1)

b) $P_o = P_2 + \dfrac{dv_2^2}{2} + dgh_2$ ⇒ $\boldsymbol{P_2 = P_o - \dfrac{dv_2^2}{2} - dgh_2}$ (2)

$$P_o = P_3 + \frac{dv_3^2}{2} - dgh_3 \quad \Rightarrow \quad v_3 = \sqrt{2gh_3} \quad y\ como: \quad Sv = constante \quad \Rightarrow$$
$$v = constante \quad \Rightarrow \quad v_1 = v_2 = v_3 = \sqrt{2gh_3} = v \quad \Rightarrow \quad \boldsymbol{v = 9{,}90\ m/s}$$

c)

Si sustituimos este valor en (1) y (2), entonces tendremos que:

$$\boldsymbol{P_1 = 5{,}1 * 10^4\ Nw/m^2 \quad y \quad P_2 = 2{,}16 * 10^4\ Nw/m^2}$$

d) $Caudal = C = Sv = 4 * 10^{-4} * 9{,}9 \quad \Rightarrow \quad \boldsymbol{C = 3{,}96 * 10^{-3}\ m^3/s}$

67: densidad absoluta y relativa

Calcular la densidad absoluta y relativa de la gasolina, sabiendo que **51gr** de dicha sustancia ocupan **75cm³**

SOLUCIÓN:

$$d = \frac{m}{v} = \frac{51}{57} \quad \Rightarrow \quad d = 0{,}68\ gr/cm^3$$

$$d' = \frac{d}{d_a} = \frac{0{,}68\ gr/cm^3}{1\ gr/cm^3} \quad \Rightarrow \quad d' = 0{,}68$$

68: densidad y peso específico

La densidad relativa de la fundición de hierro es **7,20**

Calcular:

a) La densidad en **gr/cm³** y la masa de **60cm³** de tal fundición.

b) El peso específico (p.e.) en **kp/m³** y el peso de **20m³** de fundición.

SOLUCIONES:

a)
Como la densidad en gr/cm^3 coincide <u>numéricamente</u> con la densidad relativa, entonces:

$d' = 7,20\ gr/cm^3 \quad \Rightarrow \quad m = d'V \quad \Rightarrow \quad m = 432 gr$

b)
$p.e. = \dfrac{mg}{V} = 7,20 * 1.000 \quad \Rightarrow \quad \textbf{p.e.} = \textbf{7.200 kp/m}^3$

$P = (p.e.)V = 7.200 * 20 \quad \Rightarrow \quad \textbf{Peso} = \textbf{P} = \textbf{1,44} * \textbf{10}^5\ \textbf{kp}$

69: densidad de la leche desnatada

La masa de **un litro** de leche es de **1.032gr** La nata que contiene ocupa un **4%** del volumen y tiene una densidad relativa de **0,865**

Calcular la densidad de la leche desnatada.

SOLUCIÓN:

$V = 0,04 * 1.000 = 40 cm^3 \quad \Rightarrow \quad$ *La masa de estos* $40 cm^3$ *de nata serán:*

$40 * 0,865 * 1 = 34,6\ gr \quad \Rightarrow \quad d = \dfrac{m}{v} = \dfrac{1.032 - 34,6}{1.000 - 40} \quad \Rightarrow \quad \textbf{d} = \textbf{1,04}\ \textbf{gr/cm}^3$

70: presión en el fondo con agua o mercurio

Calcular la presión sobre el fondo de una vasija, de **76cm** de profundidad, cuando se llena con agua o con mercurio.

SOLUCIÓN:

Cuando se llena con agua:
$P = dgh = 1.000*9,8*76*10^{-2}$ ⇒ ***P = 7,45 * 10³ Nw/m²***

Cuando se llena con mercurio:
$P' = d'gh = 13,6*10^3*9,8*76*10^{-2}$ ⇒ ***P' = 1,013 * 10⁵ Nw/m²***

71: presión en un submarino

Un submarino se encuentra situado a **120m** de profundidad.

De qué presión, sobre la presión atmosférica, debe disponer para poder expulsar el agua de los tanques de lastres?.

Se sabe que la densidad del agua del mar es de **1,03**

SOLUCIÓN:

$P = (p.e.)h = 1,03*10^3 (kp/m^3)*120(m)$ ⇒ ***P = 12,36 kp/m²***

72: compensar presiones

El petróleo de un pozo de **2.000m** de profundidad tiene una presión de **200kp/cm²**

Calcular la altura de la columna de lodo necesaria para taponar y compensar tal presión, sabiendo que $1m^3$ de lodo pesa **2,5Tm**

SOLUCIÓN:

$(p.e.)_{lodo} = \dfrac{2,5}{1}$ ⇒ $(p.e.)_{lodo} = 2.500 \,kp/m^3$ ⇒ $H = \dfrac{P}{p.e.} = \dfrac{200}{2.500}*10^4$ ⇒

H = 800m

Ejercicios de Física: 3 Mecánica de Fluidos

73: presión vs altura

¿A qué altura se elevará el agua por las tuberías de un edificio si un manómetro situado en la planta baja, indica que la presión es de *3kp/cm²* ?

SOLUCIÓN:

h=30m

74: presión en columnas

La presión que puede soportar una columna de agua de **60cm** de altura la soporta también una columna de una disolución de **50cm** de altura.

Calcular la densidad de tal disolución.

SOLUCIÓN:

$d_a g_a h_a = P = P' = d_s g_a h_s$ donde g_a *es la aceleración de la gravedad, así:*

$$d_s = d_a \frac{h_a}{h_s} = \frac{1*60}{50} \Rightarrow d_s = 1,2\, gr/cm^3$$

75: fuerza sobre las caras de un cubo

Un tanque lleno de agua tiene forma cúbica de **2m** de arista y en la cara superior lleva un orificio desde donde se eleva una tubería vertical de *100cm²* de sección recta.

El agua alcanza una altura, en la tubería, de **3m**

Calcular la fuerza que se ejerce sobre cada cara.

SOLUCIÓN:

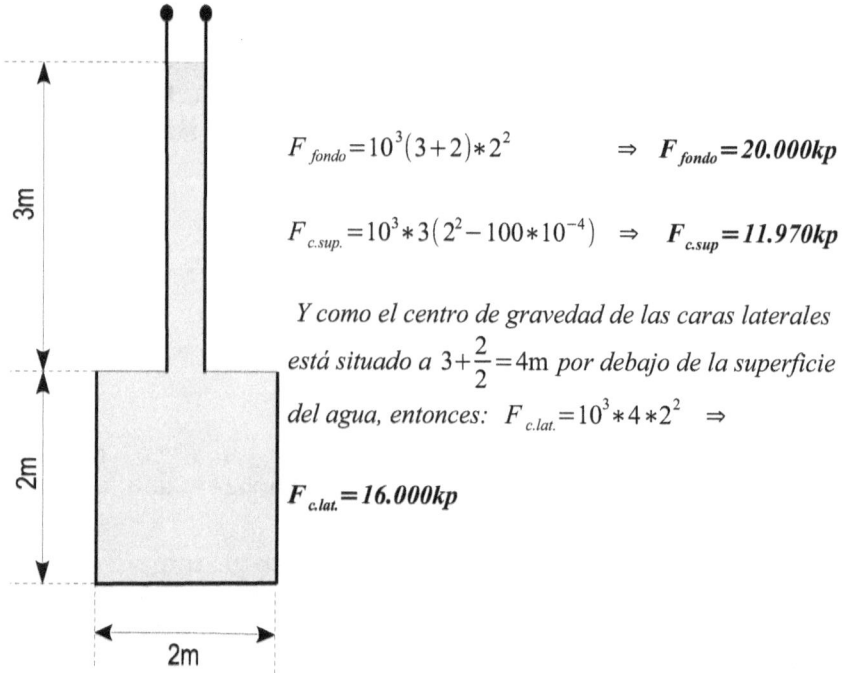

$$F_{fondo}=10^3(3+2)*2^2 \quad \Rightarrow \quad F_{fondo}=20.000kp$$

$$F_{c.sup.}=10^3*3(2^2-100*10^{-4}) \quad \Rightarrow \quad F_{c.sup}=11.970kp$$

Y como el centro de gravedad de las caras laterales está situado a $3+\frac{2}{2}=4$m por debajo de la superficie del agua, entonces: $F_{c.lat.}=10^3*4*2^2 \quad \Rightarrow$

$$F_{c.lat.}=16.000kp$$

76: prensa hidráulica

Las secciones rectas de los émbolos de una prensa hidráulica son $A_1=1.200cm^2$ y $A_2=30cm^2$

Si se aplica al émbolo más pequeño una fuerza $F_2=10kp$ ¿cuál es la fuerza F_1 resultante sobre el otro?

77: empuje hidrostático

Una pieza fundida pesa **40kp** y ocupa un volumen de $5dm^3$

Por medio de una cuerda, se suspende en un líquido de densidad relativa **0,76**

Calcular el empuje hidrostático **B** y la tensión **T** en la cuerda que sujeta dicha pieza.

SOLUCIÓN:

$B = $ Peso del líquido desalojado, esto es:
$B = 0,76 * 1.000 * 0,005 \Rightarrow \boldsymbol{B = 3,8\ kp}$

$T = 40 - 3,8 \Rightarrow \boldsymbol{T = 36,2\ kp}$

78: volumen y densidad relativa

Una pieza de determinada aleación, pesa **45kp** en el aire y **50kp** cuando se sumerge en agua.

Calcular el volumen **V** de la pieza y la densidad relativa de la aleación.

SOLUCIÓN:

$V = 5 * 10^{-3} m^3 \quad y \quad d = 10$

79: un cajón sumergido

Un cajón rectangular sin tapadera, tiene unas dimensiones de **3; 2,5** y **1,5 metros** y su peso es de **3.000kp**

a) ¿Qué parte de la altura **"y"** se sumergirá en agua dulce?

b) ¿Qué peso de lastre **"w"** le provocará un hundimiento de un metro de altura?

SOLUCIONES:

$y = 0,4\ mm \quad y \quad w = 4.000 kp$

80: la pepita de oro

Una pepita de oro y cuarzo tiene una masa de **100gr** Las densidades relativas del oro y cuarzo son **19,3** y **2,6** respectivamente y la de la totalidad de la pepita es de **6,4**

Calcular la masa de oro contenida en la pepita.

SOLUCIÓN:

Si x=masa de oro contenida en la pepita, entonces tenemos:

$$V_{pepita}=V_{oro}+V_{cuarzo} \quad \Rightarrow \quad \frac{100}{6,4}=\frac{x}{19,3}+\frac{100-x}{2,6} \quad \Rightarrow \quad x=69gr\,de\,oro$$

81: sistemas MKS y CGS

Un tanque paralelepípedo de **30** por **40 cm** de sección recta y **20cm** de altura, está lleno de agua.

Calcular la presión y la fuerza sobre el fondo del tanque como:

a) En unidades del sistema **MKS**

b) En unidades del sistema **CGS**

SOLUCIONES:

a) $P=1,96*10^3\,Nw/m^2$ y $F=2,35*10^2\,Nw$

b) $P=1,96*10^4\,din/cm^2$ y $F=2,35*10^7\,din$

82: caudal en una tubería

Por una tubería uniforme de **8cm** de diámetro fluye una cantidad de aceite con velocidad media de **3m/s**

Calcular el caudal expresado en:

a) m^3/s b) m^3/h

SOLUCIONES:

a) $C = Av = \dfrac{\pi}{4} 8^2 * 3 \Rightarrow C = 150{,}7 \, m^3/s$

b) $C' = \dfrac{150{,}7 * 3.600}{5} \Rightarrow C' = 5{,}42 * 10^5 \, m^3/h$

83: agua que sale de un tanque

Calcular el volumen de agua, que fluye por minuto, de un tanque a través de un orificio de **2cm** de diámetro situado **5m** por debajo del nivel del agua del depósito el cual permanece constante.

SOLUCIÓN:

Aplicando el Teoremde Bernoulli a los puntos de superficie libre del líquido,

(punto 1) y los del orificio (punto 2), y como además $P_1 = P_2 = P_{atm}$ *y* $v_1 \approx 0$
Entonces:

$\dfrac{1}{2} dv_1^2 = h_1 dg = \dfrac{1}{2} dv_2^2 \Rightarrow v_2^2 = 2g(h_1 - h_2) = 2gh \Rightarrow v_2 = \sqrt{2gh} \Rightarrow$

$v_2 = \sqrt{2*9{,}8*5} = 9{,}9 \, m/s \Rightarrow Gasto = G = A_2 v_2 = \dfrac{\pi}{4}(2*10^{-2})^2 9{,}9 * 60 \Rightarrow$

$G = 0{,}186 \, m^3/min$

84: presión en una caldera

Calcular la velocidad de salida del agua a través de la pequeña abertura de la caldera representada en la figura siguiente, siendo el valor de la presión sobre la atmosférica:

a) $10^6 Nw/m^2$ y b) $5kp/cm^2$

SOLUCIONES:

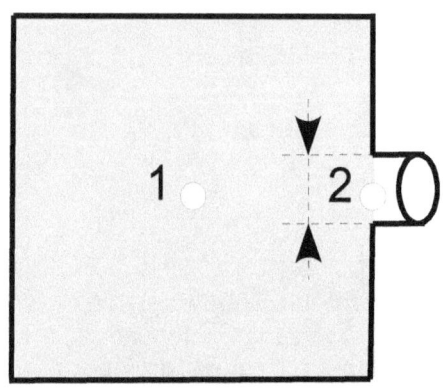

a) $h_1 = h_2$ y $v_1 \approx 0$ con lo que: $P_1 + \dfrac{dv_1^2}{2} = P_2 + \dfrac{dv_2^2}{2}$ $\Rightarrow$

$v_2^2 = \dfrac{2*10^6}{10^3}$ $\Rightarrow$ $v_2 = 45 m/s$

b) Análogamente que en a): $v_2 = 31,3 \, m/s$

85: pesos en una báscula

Un depósito contiene aceite de densidad **0,80** pesa **160kp** al colocarlo sobre una báscula. Se sumerge en el aceite, colgado de un hilo, un cubo de aluminio de densidad **2,7** de **20cm** de arista.

Calcular:

a) La tensión que soporta el hilo.

b) La lectura que indica la báscula.

SOLUCIONES:

$T = P - E$ y como: $E = 0,80 * 10^3 (20 * 10^{-2})^3 = 64 \text{kp}$ y además:

a) $P = 2,7 * 10^3 (20 * 10^{-2})^3 = 21,6 \, kp$ $\Rightarrow$ $T = 21,6 - 6,4$ $\Rightarrow$
$T = 15,2 \, kp$

b) $P_B = 160 + (21,6 - 15,2)$ $\Rightarrow$ $P_B = 166,4 \, kp$

86: fuerzas para sumergir un bloque

Para sumergir totalmente en agua y luego en aceite un bloque de madera, se necesitan aplicar fuerzas hacia abajo de **21kp y 7kp** respectivamente.

Si el volumen del bloque es de $85 dm^3$

Calcular la densidad relativa del aceite.

SOLUCIÓN:

$E_{agua} = 21 + d_m * 85 * 10^{-3} = d * 85 * 10^{-3}$ (1)
$E_{aceite} = 7 + d_m * 85 * 10^{-3} = d_{ac} * 85 * 10^{-3}$ (2) $\Rightarrow$

De (1) se deduce que $d_m = 752,94 \, kp/m^3$ y por lo tanto:

$7 + 752,94 * 85 * 10^{-3} = d_{ac} * 85 * 10^{-3}$ $\Rightarrow$ $d_{ac} = \dfrac{835,2}{10^3}$ $\Rightarrow$

$d_{ac} = 0,835$

87: densidad relativa de varios líquidos

Una pieza de aleación de magnesio pesa **0,50kp** en el aire; **0,30kp** en agua y **0,32kp** en benceno.

Calcular la densidad relativa del benceno y de la aleación.

SOLUCIÓN:

$$\left.\begin{array}{l}E_{agua}=E_{aire}-P=0,20\,kp\\E_{benceno}=E_{aire}-P'=0,18\,kp\end{array}\right\} \quad donde:$$

P=peso del agua desalojada y P' peso del benceno desalojado, entonces:

$0,20=d_{agua}V_c \Rightarrow V_c=2*10^{-4}\,m^3 \quad y\,por\,otro\,lado:$
$0,18=d_{benceno}*2*10^{-4} \Rightarrow d_{benceno}=900kp/m^3 \quad con\,lo\,que:$
$d_{benceno}=0,9$

Análogamente: $d_c=\dfrac{0,50}{2*10^{-4}}=2.500kp/m^3 \Rightarrow d_c=2,5$

88: variación de caudal por sobre presión

Por un orificio, en el fondo de un depósito lleno de agua con una altura de **4m** sale un caudal de **50l/min**

Calcular el caudal si sobre la superficie libre del agua se aplica una sobre presión de *0,5 kp/cm²*

SOLUCIÓN:

$v=\sqrt{2gh} \quad con: \quad h=\dfrac{P}{dg} \Rightarrow 0,5*10^4\,kp/m^2\,equivalen\,a\,una\,altura:$

$h'=0,5*10^4/10^3=5m \Rightarrow por\,lo\,tanto,\,el\,caudal\,C\,será:$

$\dfrac{C}{\sqrt{4+5}}=\dfrac{50}{\sqrt{4}} \Rightarrow C=75l/min$

89: altura máxima de un sifón

Determinar la máxima altura de un sifón para transvasar aceite de densidad *0,8 gr/cm³* si la indicación del barómetro es de **762mm de mercurio**, siendo la densidad del mercurio de *13,7 gr/cm³*

SOLUCIÓN:

$$hd_{Hg}g = h'd_a g \Rightarrow 762*13,6*g = h'*0,8*g \Rightarrow h' = 13m$$

90: presiones en una tubería irregular

La tubería representada en la siguiente figura, tiene un diámetro de **50cm** de la sección **1** y de **25cm** en la sección **2** La presión en el punto **1** es $P_1 = 1,7\,kp/cm^2$ y la diferencia de alturas entre ambas secciones es de **10m**

Suponiendo que circula un fluido de peso específico $800kp/m^3$ a razón de $0,1 m^3/s$ Calcular la presión en el punto **2**

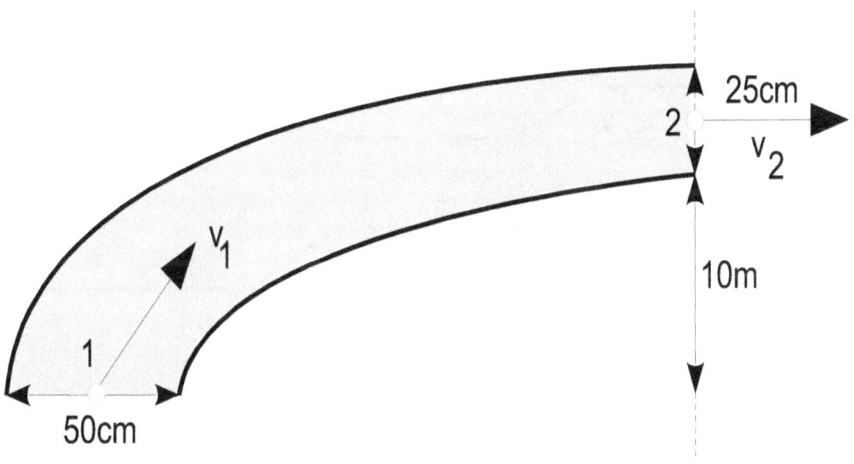

SOLUCIÓN:

$$C = A_1 v_1 \Rightarrow v_1 = \frac{0,1}{\frac{1}{4}\pi 0,5^2} = 0,51\, m/s \quad y \quad v_2 = \frac{C}{A_2} = 2,04\, m/s \quad y\ así:$$

$$P_1 + \frac{dv_1^2}{2} + dh_1 g = P_2 + \frac{dv_2^2}{2} + h_2 dg \quad entonces,\ tenemos\ que:$$

$$1,7*10^4+\frac{0,5*800}{9,8}*0,51^2+0=P_2+\frac{0,5*800}{9,8}*2,04^2+10+800 \Rightarrow$$

$P_2 = 0,84\ kp/m^2$

91: Tubo de Venturi, manómetro diferencial

En la figura siguiente se observa un Tubo de Venturi para la medida del caudal, con el manómetro diferencial de mercurio.

La sección en el tubo del punto **1** está definida mediante el valor de su diámetro como $d_1=40cm$ y el de la garganta es de $d_2=20cm$

Calcular el gasto de agua, sabiendo que la diferencia del alturas alcanzada por el mercurio en las ramas verticales es **30cm** y sabiendo que la densidad del mercurio es de **13,6**

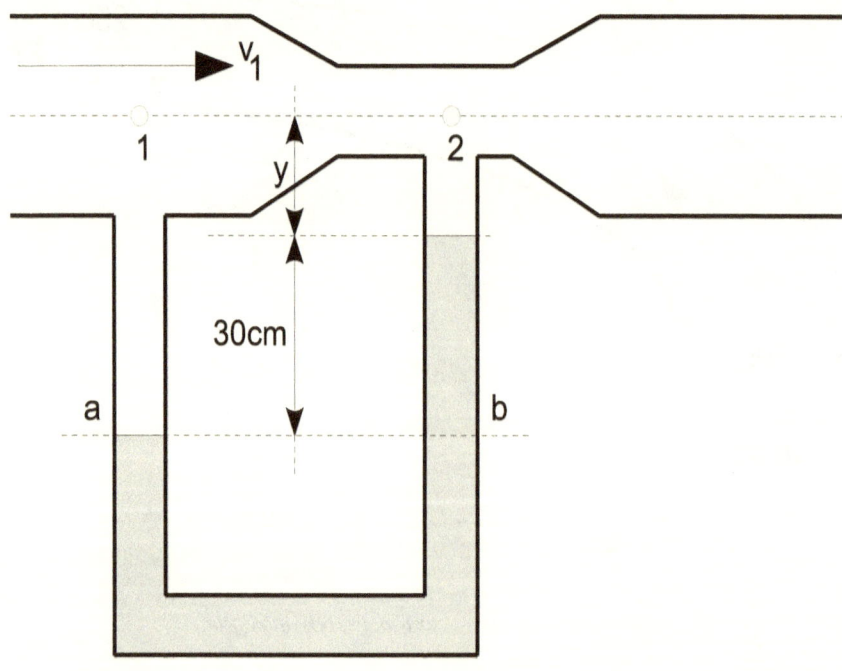

$h_1 = h_2 \Rightarrow P_1 + \dfrac{dv_1^2}{2} = P_2 + \dfrac{dv_2^2}{2} \Rightarrow P_1 - P_2 = \dfrac{d}{2}(v_2^2 - v_1^2)$ y como: $p_a = p_b$

$P_1 + (0{,}30 + y)d_a g = P_2 + y d_a g + 0{,}30 d_{Hg} g$ y por lo tanto:

$P_1 - P_2 = 0{,}30(d_{Hg} g - d_a g) = 0{,}30(13{,}6 - 1) * 10^3 = 3.780 \text{kp}/m^2$ y como:

$A_1 v_1 = A_2 v_2 \Rightarrow \dfrac{\pi}{4} 0{,}40^2 v_1 = \dfrac{\pi}{4} 0{,}20^2 v_2 \Rightarrow v_2 = 4v_1$ y así:

$3.780 = \dfrac{1}{2} * \dfrac{10^3}{9{,}8} * (15 v_1)^2 \Rightarrow v_1 = 2{,}12 \, m/s$ y de esta manera:

$C = A_1 v_1 = \dfrac{\pi}{4} 0{,}40^2 * 2{,}12 \Rightarrow C = 0{,}27 \, m^3/s$

92: cambio presión en una tubería compleja

Una tubería, de **30cm** de diámetro, tiene un corto tramo en el que el diámetro se reduce gradualmente hasta **15cm** y de nuevo aumenta a **30cm**. La sección de **15cm** está **60cm** por debajo de la sección **A**, situada en la tubería de **30cm** donde la presión es **5,25 kg/cm²**

Si entre las dos secciones anteriores se conecta un manómetro diferencial de mercurio, ¿cuál es la lectura del manómetro cuando circula hacia abajo un caudal de agua de **120l/s**?

93: salida de agua de un depósito

Una cantidad de agua de mar, con densidad: $\delta = 1{,}083$, alcanza en un depósito una altura de **1,2m**. El depósito contiene aire comprimido a la presión manométrica de **72gr/cm²**. El tubo horizontal de desagüe tiene secciones transversales máxima y mínima de **18cm²** y **9cm²** respectivamente.

Calcular:

1) ¿Qué cantidad de agua sale por segundo?.

2) ¿Hasta qué altura **h** llega el agua en el tubo abierto?.

3) Si se perfora ahora el depósito en su parte superior, anulando la presión manométrica, ¿cuál será la altura **h**?

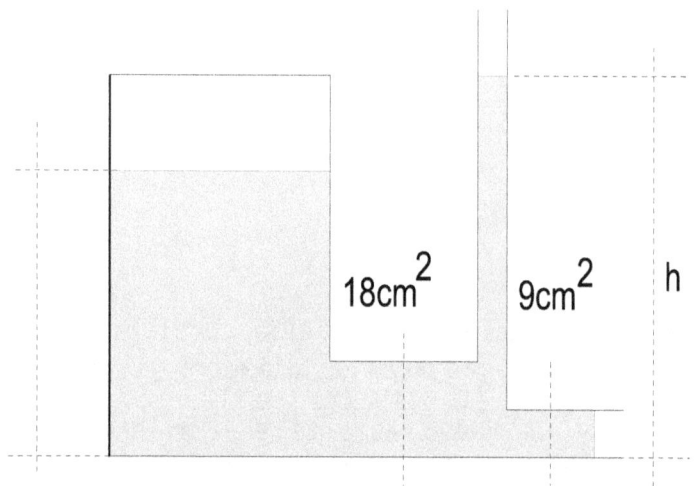

Anexos

∗Constantes

$q_e = 1{,}602 \ast 10^{-19}\, C$
$m_e = 9{,}108 \ast 10^{-31}\, kg$
$r_e = 2{,}8177 \ast 10^{-11}\, m$
$m_p = 1{,}007596\, uma = 1{,}6724 \ast 10^{-27}\, kg$
$m_n = 1{,}008982\, uma = 1{,}6747 \ast 10^{-27}\, kg$
$m_H = 1{,}008142\, uma$
$m_\alpha = 6{,}644 \ast 10^{-27}\, kg$
$h = 6{,}6256 \ast 10^{-34}\, J.s = 6{,}6256 \ast 10^{-27}\, Erg.s$
$\bar{h} = 1{,}0544 \ast 10^{-34}\, J.s = 1{,}0544 \ast 10^{-27}\, Erg.s$
$g = 980{,}665\, cm.s^{-2}$
$G = 6{,}673 \ast 10^{-11}\, Nw.m^2.kg^{-2}$
$M_T = 5{,}975 \ast 10^{24}\, kg$
$R_T = 6{,}371 \ast 10^6\, m$
$M_S = 1{,}99 \ast 10^{30}\, kg$
$R_S = 6{,}95 \ast 10^8\, m$
$K = 8{,}98 \ast 10^9\, Nw.m^2.C^{-2}$
$R_H = 109.677{,}6\, cm^{-1}$
$R_\infty = 109.737{,}3\, cm^{-1}$
$R = 0{,}08208\, atm.l.mol^{-1}.K^{-1} = 8{,}3166 \ast 10^7\, Erg.mol^{-1}.K^{-1} =$
$\qquad = 1{,}987\, cal.mol^{-1}.K^{-1}$
$c = 2{,}9979 \ast 10^8\, m.s^{-1}$
$N = 6{,}0222 \ast 10^{23}\, part.mol^{-1}$
$4\pi e_o = 1{,}11264 \ast 10^{-10}\, C^2.Nw^{-1}.m^{-2}$
$e_o = 8{,}842 \ast 10^{-12}\, C^2.Nw^{-1}.m^{-2} = 8{,}8542 \ast 10^{-12}\, F.m^{-1}$
$F = 96{,}487\, C.eq^{-1}$
$J = 4{,}185\, J.cal^{-1}$
$V_N = 22{,}415\, l$

$V_N = 22,415\, l$
$k = 1,3806 * 10^{-23}\, J.K^{-1}$
$T_{abs} = -273,15\, ºC$
$\dfrac{RT}{F} \ln x = 0,05916 \log x\, v$
$\mu_B = 9,2732 * 10^{-21}\, Erg.Gauss^{-1}$
$a_o = 0,52916\, \text{Å} = 5,2916 * 10^{-9}\, cm\, d_{Hg} = 13,595\, gr.cm^{-3}$
$d_{H_2O} = 0,999972\, gr.cm^{-3}$
$V_{s(a)}^{288K} = 3,408 * 10^2\, m.s^{-1}$
$C_m = 10^{-7}\, Nw.A^{-2}$
$\sigma = 5,670 * 10^{-5}\, Erg.s^{-1}.cm^{-2}.K^{-4} = 5,6697 * 10^{-8}\, w.m^{-2}.K^{-4}$
$\dfrac{N}{V_N} = 2,6869 * 10^{25}\, moléc.m^{-3}$

*Factores de conversión

$1 J = 9,81\ kpm$
$1 BTU = 0,252\ kcal$
$1 cal = 4,1840\ J = 41,293\ atm.cm^3$
$1 kcal.mol^{-1} = 0,043361\ eV$
$1 CV-h = 2,7*10^5\ kgm$
$1 kw-h = 1,36\ CV-h = 2,24*10^{25}\ eV = 3,6*10^6\ J$
$1 eV = 1,6022*10^{-12}\ Erg = 0,16022*10^{-18}\ J.moléc^{-1} = 3,829*10^{-20}\ cal =$
$\qquad = 8,0660*10^3\ cm^{-1}$
$1 MeV = 1,6022*10^{-13}\ J$
$1 atm.l = 10,323\ kgm = 0,0242\ kcal = 101,323\ J = 6,33*10^{20}\ eV$
$1 cm^{-1} = 1,986*10^{-6}\ Erg = 4,747*10^{-24}\ cal = 1,240*10^{-4}\ eV$
$1 atm = 1,03328\ kg.cm^{-2} = 1,01325*10^6\ din.cm^{-2} = 14,70\ psi = 760 mmHg$
$1 baria = 1 din.cm^{-2}$
$1 bar = 10^6\ barias$
$1 psi = 703 kg.m^{-2}$
$1 pascal = 1 Nw.m^{-2}$
$1 din = 10^{-5}\ Nw$
$1 kp = 9,8\ Nw$
$1\ \text{Å} = 10^{-4}\ \mu = 10^{-10}\ m$
$1\ \mu = 10^{-6}\ m$
$1\ año-luz = 9,468*10^{15}\ m$
$1 Yard = 0,9144\ m$
$1 pie = 12 plg = 0,3048\ m$
$1 plg = 0,02540\ m$
$1 km = 0,6214\ mill$
$1 nm = 10^{-9}\ m$
$1 CV = 0,735\ kw = 175,72\ cal.s^{-1}$
$1 HP = 76,04\ kgm.s^{-1} = 1,0139\ CV = 735 w$
$1 kw = 1,359\ CV$

$1\text{uma} = 1,6597 * 10^{-27}\, kg = 931,2\, MeV$
$1\text{UTM} = 9,8 * 10^{3}\, gr$
$1\text{slug} = 14,59\, kg$
$1\text{Qm} = 100\text{kg}$
$1\text{uee} = 3,333 * 10^{-10}\, C$
$1\text{uep} = 300\text{v}$
$1\mu F = 10^{-6}\, F$
$1\text{nF} = 10^{-9}\, F$
$1\mu\mu F = 10^{-12}\, F = 1\text{pF}$
$1F = 96.487\text{C.eq}^{-1} = 23.060\text{cal.v}^{-1}.eq^{-1}$
$1\text{v.m}^{-1} = 3,333 * 10^{-5}\, uee$
$1D = 3,33 * 10^{-30}\, C.m$
$1\text{Wb.m}^{-2} = 10^{4}\, Gauss = 1\text{T}$
$1\text{Wb} = 10^{8}\, Max$
$1\text{Hy} = 1,1111 * 10^{-2}\, uee$
$1\text{A.m}^{-1} = 4\pi\, 10^{-3}\, Oersted$
$1\text{kciclo} = 10^{3}\, Hz$
$1\text{Curie} = 3,7 * 10^{10}\, desint.s^{-1}$
$1\text{galón} = 3,785\, l$
$1\text{barril} = 119,24\, l$
$1\text{pinta} = 5,688 * 10^{-4}\, m^{3}$
$1\text{gr.cm}^{-3} = 102\text{UTM.m}^{-3}$
$1\text{acre} = 0,40469\, Hca = 4.046,9\, m^{2}$
$1\text{m.s}^{-1} = 3,6\, km.h^{-1}$
$1\text{rpm} = 0,10472\, rad.s^{-1}$
$1\text{rad} = 57,2956\,° = 63,662^{G}$
$1° = 1,745 * 10^{-2}\, rad$
$1' = 2,909 * 10^{-4}\, rad$
$1^{G} = 1,571 * 10^{-2}\, rad$

⊖⊖⊖

*Integrales (con +C)

$$\int x^n dx = \frac{x^{n+1}}{n+1}$$

$$\int \frac{1}{x} dx = \ln|x|$$

$$\int \sin x\, dx = -\cos x$$

$$\int \frac{1}{\cos^2 x} dx = \tan x$$

$$\int \cos x\, dx = \sin x$$

$$\int \frac{1}{\sin^2 x} dx = -\cot x$$

$$\int \tan x\, dx = -\ln|\cos x| = \ln|\sec x|$$

$$\int \cot x\, dx = \ln|\sin x|$$

$$\int \sec x\, dx = \ln|\sec x + \tan x| = \ln\left|\tan\left(\frac{x}{2}+\frac{\pi}{4}\right)\right|$$

$$\int \cosec x\, dx = \ln|\cosec x - \cotan x| = \ln\left|\tan\frac{x}{2}\right|$$

$$\int \sec^2 x\, dx = \tan x$$

$$\int \cosec^2 x\, dx = -\cot x$$

$$\int \sec x \tan x\, dx = \sec x$$

$$\int \cosec x \cot x\, dx = -\cosec x$$

$$\int e^x dx = e^x$$

$$\int a^x dx = a^x \ln|a|$$

$$\int \frac{1}{1+x^2} dx = \arctan x$$

$$\int \frac{1}{x^2-a^2} dx = \frac{1}{2a}\ln\left|\frac{x+a}{x-a}\right|$$

$$\int \frac{1}{x^2+a^2} dx = \frac{1}{a}\arctan\frac{x}{a}$$

$$\int \frac{1}{\sqrt{1-x^2}}\,dx = \arcsin x$$

$$\int \frac{1}{\sqrt{x^2 \pm a^2}}\,dx = \ln\left|x + \sqrt{x^2 \pm a^2}\right|$$

$$\int \frac{1}{x\sqrt{a^2 \pm x^2}}\,dx = \frac{1}{a}\ln\left|\frac{x}{a + \sqrt{a^2 \pm x^2}}\right|$$

$$\int \sqrt{x^2 \pm a^2}\,dx = \frac{x}{2}\sqrt{x^2 \pm a^2} \pm \frac{a^2}{2}\ln\left|x + \sqrt{x^2 \pm a^2}\right|$$

$$\int e^{ax}\sin bx\,dx = \frac{e^{ax}a\sin bx}{a^2 + b^2} - \frac{e^{ax}a\cos bx}{a^2 + b^2}$$

*Relaciones trigonométricas

$\sin(a+b) = \sin a \cos b + sen\, b \cos a$
$\sin(a-b) = \sin a \cos b - \sin b \cos a$
$\cos(a+b) = \cos a \cos b - \sin a \sin b$
$\cos(a-b) = \cos a \cos b + \sin a \sin b$
$\tan(a+b) = \dfrac{\sin(a+b)}{\cos a \cos b}$
$\tan(a-b) = \dfrac{\sin(a-b)}{\cos a \cos b}$
$\cot(a+b) = \dfrac{\cot a \cot b - 1}{\cot b + \cot a}$
$\cot(a-b) = \dfrac{\cot a \cot b + 1}{\cot b - \cot a}$
$\sin 2a = 2\sin a \cos a = \dfrac{2\tan a}{1 - tag^2 a}$
$\cos 2a = \cos^2 a - \sin^2 a = \dfrac{1 - \tan^2 a}{1 + \tan^2 a}$
$\tan 2a = \dfrac{2\tan a}{1 - \tan^2 a}$
$\cot 2a = \dfrac{\cot^2 a - 1}{2\cot a}$
$\sin 3a = 3\sin a - 4\sin^3 a$
$\cos 3a = 4\cos^3 a - 3\cos a$
$\tan 3a = \dfrac{3\tan a - \tan 3a}{-3\tan^2 a + 1}$
$\cot 3a = \dfrac{\cot^3 a - 3\cot a}{3\cot^2 a - 1}$
$\sin \dfrac{a}{2} = \pm\sqrt{\dfrac{1 - \cos a}{2}}$
$\cos \dfrac{a}{2} = \pm\sqrt{\dfrac{1 + \cos a}{2}}$
$\tan \dfrac{a}{2} = \pm\sqrt{\dfrac{1 - \cos a}{1 + \cos a}}$

$$\cot\frac{a}{2} = \cot a \pm \sqrt{\cot^2 a + 1}$$

$$\sin a + \sin b = 2\sin\frac{1}{2}(a+b)\cos\frac{1}{2}(a-b)$$

$$\sin a - \sin b = 2\cos\frac{1}{2}(a+b)\sin\frac{1}{2}(a-b)$$

$$\cos a + \cos b = 2\cos\frac{1}{2}(a+b)\cos\frac{1}{2}(a-b)$$

$$\cos a - \cos b = -2\sin\frac{1}{2}(a+b)\sin\frac{1}{2}(a-b)$$

$$\sin a + \cos b = 2\sin\frac{1}{2}(\frac{\pi}{2}+a-b)\cos\frac{1}{2}(a+b-\frac{\pi}{2})$$

$$\sin a - \cos b = 2\cos\frac{1}{2}(\frac{\pi}{2}+a-b)\sin\frac{1}{2}(a+b-\frac{\pi}{2})$$

$$\tan a \pm \tan b = \frac{\sin(a\pm b)}{\cos a \cos b}$$

$$\cot a \pm \cot b = \frac{\sin(b\pm a)}{\sin a \sin b}$$

$$\cot a \pm \tan b = \frac{\cos(a\pm b)}{\sin a \cos b}$$

Gregorio Chenlo Romero (gregochenlo.blogspot.com)

*Otros títulos del autor

 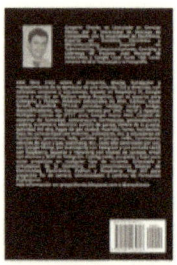  

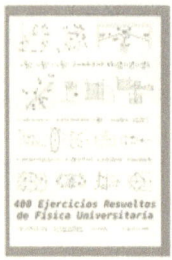   

*Bibliografía recomendada

"Problemas de Física", Felix A. Gonzalez
"Problemas de Física General", L. Nuñez
"Física General", Felix A. Gonzalez
"Problemas de Física", J. García Roger
"Física General y Experimental", Goldenberg
"Pruebas de acceso: Física", F. G. Pérez
"Manual de Fórmulas y Tablas", Murray R. Spiegel
"Cálculo superior", Murray R. Spiegel
"Introducción a la Física General", USC
"Física", Sears-Zemansky
"Física General", C. W. van der Merwe
"Lectures of Physics", Feymann
"Física", Haliday
"Física", Gaskenhouse
"Problemas de Física", Aguilar y Casanova
"Problemas de Física", Gullan

⊖⊖⊖

Gregorio Chenlo Romero (gregochenlo.blogspot.com)

*Agradecimientos

Muchas gracias por comprar y especialmente por leer este libro. Mi intención siempre ha sido ayudar y compartir experiencias con otras personas como tú.

Espero que te haya gustado o te haya servido para consolidar conocimientos, superar exámenes o preparar clases, pero sobre todo espero que te haya servido para pasar algún rato entretenido aprendiendo Física.

Te agradezco cualquier sugerencia que quieras comentar, para ello lo puedes indicar en mi blog en:

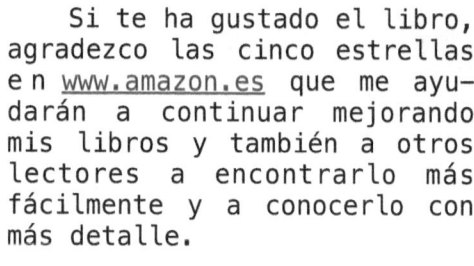

gregochenlo.blogspot.com

Si te ha gustado el libro, agradezco las cinco estrellas en 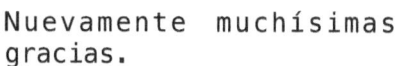 www.amazon.es que me ayudarán a continuar mejorando mis libros y también a otros lectores a encontrarlo más fácilmente y a conocerlo con más detalle.

Nuevamente muchísimas gracias.

☺☺☺

Ejercicios de Física: 3 Mecánica de Fluidos

Notas: (v1)

www.ingramcontent.com/pod-product-compliance
Lightning Source LLC
Chambersburg PA
CBHW020449220526
45464CB00002B/928